ロバート・クリンジリー
夏井幸子 訳

倒れゆく巨象

IBMはなぜ凋落したのか

祥伝社

倒れゆく巨象

はじめに

私が子供の頃に住んでいたオハイオの家には、近所のどの家にもないような実験室があった。前の家主《やぬし》はレオナルド・スケッグスという生化学者《せいかがくしゃ》だ。彼はその実験室で、現在の生物医学産業の起原とも言うべき「自動血液分析装置」を作った。そんな由緒《ゆいしょ》ある設備を「宝の持ち腐《ぐさ》れ」にしたくない。そう思った私は、自分も研究に身を投じることにした。一九六一年、八歳のときだった。

以前からユーザーインターフェースの設計に強い関心を持っていた私の頭に、声で操作できるコンピュータがパッと浮かんだ。その五年後に、ジーン・ロッデンベリー（＊訳注：米国のテレビ・映画プロデューサー）が『スタートレック』を思いついたときのように――。ガラクタ漁《あさ》りが趣味の父がどこからか持ち帰ったクールなスクラップを再利用して、一六ミリフィルム（我が家には映写機があった）の振幅変調《しんぷくへんちょう》光学式サウンドトラックテクノロジーを、音声制御装置の基盤にすることにした。光学式サウンドトラックをペイントしてコマンドを提示できれば、あとはそのトラックの特徴づけと分析の方法を見つけてコンピュータに指示を与えればいいだけだった。でも、一九六一年当時のこの実験室には、唯一コンピュータだけがなかった。

ＩＢＭとの縁は、ここから始まる。

私はアンダーウッド社の古い手動式タイプライターを使って、当時のＩＢＭのＣＥＯ、Ｔ・Ｊ・ワトソンに手紙を書いた。内容はシンプルだった。最先端のユーザーインターフェース・テクノロジーの開発と利用に関する、対等なパートナーシップ契約を申し出たのだ。数日後、返事が来た。それを書いたのがワトソン本人かどうかは知らない。両親も私も、その手紙を大切に取っておく頭がなかったから。でも内容はまだ覚えている。地元のＩＢＭ研究施設で、私のプランについて話し合うことになったのだ。

ついに運命の日。私は当然のようにスーツを着た。父がスモーキーカラーの一九五九年式クライスラー・ニューヨーカーで送ってくれた。そして歩道脇に私を降ろすと、二時間後に迎えに来るよと言った。ＩＢＭのビルで、私は六人のエンジニアと対面した。みんなダークスーツに身を包み、当時流行していた細いネクタイを締《し》め、腰を下ろすと足元から靴下が見えた。そして、私の話を真剣に聞いてくれた。Ｔ・Ｊ・ワトソンがこの会議をセッティングしてくれたのだ。彼本人が。

「おいおい、坊やはまだ八歳だろう」なんて言う人は一人もいなかった。

私は自分の案を売り込み、彼らはそれに無言で熱心に耳を傾けた。そして、かの有名な彼らのインターフェースを見せてくれた。パンチカードだ。

おっと。

当時のチーフ・エンジニアだったホーマー・サラソンと知り合ったのは、それから三〇年後――彼が退職してだいぶ経《た》ってからのことだ。私のIBM体験を話して聞かせると、彼は椅子《いす》から転げ落ちんばかりに大笑いした。そして、良いアイディアだったが四〇年ばかり早過ぎたな、と言った。そう、このアイディアは、ホーマーと私がおしゃべりした一〇年後の今も生きている。

一九六一年に話を戻そう。私の話を聞いてくれたあのエンジニアたちは、自分たちが勉強不足でちょっと恥ずかしいと言った。当時、ターミナルはまだ一般的でなかったが、普及の兆《きざ》しはあった。もし、あのときIBMにもっと実用的な「特効薬」を差し出していたら、きっと彼らは飛びついたにちがいない。

私がIBMのことばかり書くのは、少なくとも、この子供時代の体験が一因だ。大企業の社員たちが、ある日の午前中を潰《つぶ》して私の話を真剣に聞いてくれた。おそらく、このときの体験が私の原点なのだ。

だが残念なことに、あのＩＢＭはもう存在しない。だから私は、この本を書かざるを得なかった。ＩＢＭに以前の姿を取り戻してもらうために――。

日本版に寄せて

なぜ、日本人がＩＢＭの内情に関心を持つのだろう？　理由はいくつかある。すなわち、ＩＢＭは日本の産業界と政府を顧客に持つ、巨大なＩＴサプライヤーだから。日本に支社を置き、大勢の日本人社員に高い給料を払っている雇用主だから。アメリカの多国籍企業でありながら、日本企業のような厳格《げんかく》な規律と終身雇用制度を昔から持っているから。しかも、子会社の経営陣に日本人も起用し、さらには日本に孫会社まで存在するのは、ＩＢＭだけだ。

しかし、時代が変わり、ＩＢＭは終身雇用制度をすでに廃止している。それだけではない。変化は他にもいろいろあった。中にはやむを得ない経済的要因によるものもあるが、大半は、この会社が創立以来、大切に守ってきた企業理念を捨てた経営陣が直接の原因だ。

今のＩＢＭは、一〇年前、二〇年前のＩＢＭとはまったくの別物である。ＩＢＭはなぜ、どんなふうに変わってしまったのか――それを本書から読み解いてほしい。ハッピーエンドはない。しかし、見過ごせない重要なストーリーだ。なぜなら、ＩＢＭはコンピュータ業界のパイオニアなのだから。そして、その背中を追う者の中には、日本の大企業の姿もある。

ＩＢＭは道を見失ってしまった。本書には、その経緯と理由が示されている。ＩＢＭは確かに名目上はアメリカ企業だ。しかし、その変化は、ＩＢＭがビジネスを展開している日本をはじめとした世界各国に影響を及ぼしている。

目次

第二章

外様経営者の過ち　45

ガースナーはIBMを建て直したと同時に衰亡の種も蒔いた

第三章

まやかしのロードマップ　69

企業目標は二〇一五年にEPS二〇ドルを達成すること

第四章

第五章

第六章

第七章

第八章

秘策は自社株買い 161

発行済み株式数の削減に支えられていたEPS増加のカラクリ

第九章

メンフィスの教訓 171

ヒルトンとサービスマスター、二大顧客を失った理由

第十章 ビッグブルーが生き残る道 189

終章 破綻へと導かれる未来 223

凡例

＊本書では原注以外に適宜、訳者と編集部による注記を補った。
＊本文中の段落の設定は編集部による。
＊本書の内容は原則、原著の発行年（二〇一四年）時に基づく。
＊本文中の引用訳は訳者による。

序章

落日のビッグブルー

なぜＩＢＭは今日の絶望的な状況を迎えたのか

リーマン・ショック以前から始まっていたＩＢＭの窮状《きゅうじょう》

本書執筆のきっかけは、二〇〇七年の夏。ミネソタ州ロチェスター市の大病院メイヨー・クリニックで、「The Transformation Age—Surviving a Technology Revolution（変革の時代――テクノロジー革命を乗り切る）」というドキュメンタリー番組を撮影していたときのことだった。ロチェスターは、メイヨー・クリニックとＩＢＭのお膝元《ひざもと》だ。取材でこの町を訪れれば、たった数日間で耳にタコができるほど、この二大企業の話をあちこちで聞かされる。

私が聞いたＩＢＭの評判は散々《さんざん》なものだった。ＩＢＭでは、国内サービス事業の大半をインドやアルゼンチンといった人件費の安い国へ委託するのに伴い、社員の大量解雇が予定されていた。そんなことをすれば、顧客サービスに悪影響が出るはずだ。さらに聞くところによれば、社員の労働条件も良くないらしい。それなのに、地元紙にでさえ、一度も報じられたことがない。

私は四〇年以上、プロのジャーナリストとして活動し、最近はインターネットを媒体に選んでブログを発表の場にしている。私のようなブロガーは、いわば二十一世紀の番記者だ。一つの企業の動向を毎日、丹念《たんねん》に追いかける忍耐強さ（強迫《きょうはく》神経症とも言う）を持っているのはブロガーだけ。従来のビジネス紙は社内体質を見極められるほど企業に目を光らせてはおらず、企業自体も新しい傾向を見られるほど寿命は長くない。昨今のビジネスニュースで取り上げられるのは、企業幹部の人物像やM&A、そして当然のことながら、四半期所得に関するものばかり。昔気質《むかしかたぎ》のレポーターが企業の中を見る機会があるとすれば、それは、企業側から本の出版の了承を得たときだけ。でも、それも滅多《めった》にないし、あったとしてもせいぜい覗き見る程度だ。それでも私は七年前からずっと、この問題に警《けい》鐘《しょう》を鳴らし続けてきた。

その発端が、前述した二〇〇七年のミネソタでの取材なのだ。そこで私は、IBMにまつわるさまざまなトラブルを目の当《ま》たりにし、この会社が変化しつつあることを知った。ただし、それは良い変化ではなかった。社員たち（彼らは実際に「リソース」と呼ばれている）は自分たちの会社に対する信頼を失い、うろたえ始めていた。私が記事を書き続けている間、彼らは電話や手紙で私の懸念《けねん》を裏付け、記事のネタまで提供してくれた。

私は甘かった。IBMの実態を世間に公表したら、社内の状況が変わると思っていたのだ。このネタを追求しようとしているマスコミは、私以外にいないようだった。孤立《こりつ》無援《むえん》だと感じたときもあった。でも、自分が記事を書けば、全国紙、いや、少なくとも業界紙はこのネタに飛びつくはずだ――そう信じていた。政治家たちも事態に気づく。一〇〇万人以上のIBM退職者たちの不平不満が噴出して騒ぎになる。我が身を恥じたIBMは方針転換して行ないを改める――きっと、そうなるにちがいない。しかし、実際には何も起こらなかった。この対する世間の無関心ぶりは驚くほどだ。そして、その状況は今も変わっていない。

二〇一四年現在、IBMが問題を抱えた企業であることは傍《はた》から見ても明白だ。売上も利益も低迷している。満足している顧客より、不満を持っている顧客の方が多いだろう。長年にわたるダウンサイジングで、社員の士気《しき》はこれまでになく低い。ボーナスはもちろん、ベースアップも望めない。しかし、それでもIBMは、高い利益と豊富な資金を誇る巨大な多国籍企業として、クラウドコンピューティング、ビッグデータ分析、そしてクイズ番組「ジェパディ!」で優勝した人工知能「ワトソン」などに代表される、新しいテクノロジー戦略に対していまだ大きな野心を抱いている。とはいえ、かつての神通力《じんつうりき》は若干、弱まったらしい。少なくとも、ウォール街とアナリストたちはそう思い始めている。

だが、気づくのが少々遅すぎたかもしれない。IBMの窮状《きゅうじょう》は二〇〇八年の大不況以前から始まっていたのだから。二〇一〇年以降は、おそらく絶望的な状況だったにちがいない。ただ、誰もそれを知らなかっただけだ。きつい言い方かもしれないが、手加減せずに言わせてもらおう。「絶望的」という言葉を使ったのは、万一変わらなければ、衰退して企業としての強みを失い、最後には取るに足らない企業に成り下がる——そんな道をアメリカ産業界のかつての雄が選んでしまったからだ。

この私の主張が正しいとすれば、その責任は誰にあるのだろうか？

三人のＣＥＯは時代に取り残された

一〇〇年の歴史を持つこの「International《インターナショナル》 Business《ビジネス》 Machines《マシーンズ》」（ＩＢＭ）社には、歴代のＣＥＯが九人しかいない。そのうちの二人がトーマス・Ｊ・ワトソンとトーマス・Ｊ・ワトソン・ジュニアの親子だ。二人合わせて五七年にわたり、この会社を率いてきた。この二人が、世界初のグローバル・コンピュータ・カンパニーを誕生させ、二十世紀のビジネスにおける情報テクノロジーの礎《いしずえ》を築いたのだ。だが、二十世紀が終わると、ＩＢＭは時代に取り残されてしまう。今世紀は三人のＣＥＯを迎え入れた。**ルイス・Ｖ・ガースナー・ジュニア**、**サミュエル・Ｊ・パルミサーノ**、**バージニア・Ｍ・ロメッティ**。彼らはビッグブルー（＊訳注：ＩＢＭの愛称。青いロゴを持つ大企業であることから）の再建を図り、そのプロセスの一環として社の体質を変えようとした。中には変えて正解だったことも、変えざるを得なかったこともあるが、多くは悪い方向に転がった。本書は、この企業の新しい体質とそのプロセスをテーマに取り上げている。

ガースナーは、ＩＢＭを一九九〇年代の窮地から救い、そして今の苦境に陥《おとしい》れた。彼は社内に大きな変化をもたらした偉大なリーダーだったが、その手立てが十分ではなかったのだ。さらには、会社を今の苦境に追い込むような戦略ミスをいくつか犯している。パルミサーノは、ガースナーが改善したことを覆《くつがえ》してミスの上塗《うわぬ》りをした。パルミサーノがトップでは、今の危機的状況は避けようがなかった。新ＣＥＯのロメッティは、前任者が犯したミスの責めを負うことになるだろう。彼女には、この混乱の責任を負わねばならないほどのキャリアはない。だが、少なくとも責任の一部は負うべきだ。彼女も、改善策をいまだ何ひとつ（何ひとつ、だ）打ち立てていないのだから。

告発メールから聞こえる社員の悲鳴

本題に入る前に、今年（二〇一四年）一月に見ず知らずのＩＢＭ社員から寄せられた、一通の電子メールを紹介しよう。この人物の身元は確認済みである。ご本人は文章通りの

今世紀、3人のCEOがIBMの再建を目指したが……

ルイス・V・ガースナー・ジュニア
（1993年4月～2002年3月）

サミュエル・J・パルミサーノ
（2002年4月～2011年12月）

バージニア・M・ロメッティ
（2012年1月～）

一時、ガースナーの改革により不振から立ち直ったかに見えたビッグブルーだったが、彼の戦略ミスが現在の苦境を生んだ。次のパルミサーノの治世で会社の弱体化は決定的となり、それを継承するロメッティは……。

※カッコ内はＣＥＯ在任期間

写真　ロイター／アフロ

人だった。読者には理解しにくい専門用語もあるだろうが、本書を読み終える頃には慣れるだろう。あなたは、このメールを読んでもまだ、「ＩＢＭには何の問題もない」と言えるだろうか。

「私の身許《みもと》についてはは秘密にしていただきたい。これからあなたに提供するのは、普通なら誰も知り得ない重要な内部情報だからだ。私の勤務評定は［ランク1］。出世の階段を上り詰めた人間であり、不満を抱えた一介の社員とは違うことをあらかじめ断っておこう。

現在、パイプライン（＊編注：複数のプログラムの入出力を繋《つな》ぐ仕組みと、現場の複数のチームを掛けている）は枯渇《こかつ》状態だ。現場のサービススタッフの数は安定せず、次の大量解雇も迫っている。今の問題は、度重なる人員整理で社内全体の士気が低下し、不安に駆《か》られた社員たちが満足な成果を出せずにいることだ。ジニー（＊編注：ロメッティのこと）はそんな社員を落ち着かせるどころか処罰し、新事業の実現に必要な人員リソースをどんどん減らしている。経営学を学んだ者には、それがどんな結果をもたらすか歴然としているはずだ。この枯渇したパイプラインがその結果である。

　誰もが営業不振をクラウドのせいにしたがるが、実際はそうではない。クラウドのデータセンターはどんどん拡充《かくじゅう》されている。ハードウェアは需要が落ち込んだわけではなく、単に推移しただけだ。必要性がなさそうなものを排除した結果、収益を支えるブレーンと戦略が姿を消してしまった。そしてモノを売ることもできず、目先のことしか考えられない人間だけが残された。販売部門には技術的なサポートを顧客に提供できる、専門知識の豊富なスタッフがいない。現在、売れ行きが鈍《にぶ》っているのはそのせいだ。

　そして優秀な人材は転職してしまう。ＩＢＭ以外の雇用市場は回復の傾向にあるからだ。私も今、十数社で面接を受けているところだ。自分に合った職場を見つけ次第、退職しようと思っている。会社は、私のような重役が辞めるとは思っていないだろう。

　来月もクビがつながっているかわからないから車も買えない――そんな職場で安心して働けるわけがない。ＩＢＭの社員はみんな、こうした不安を抱えている。現在の契約状況もひどい。トラブルのない案件など一つも思い浮かばないほどだ。会社は、契約期間中に大事なキーパーソンをクビにする。しかし、私自身がそうした案件にどれくらい関わってきたか教えるわけにはいかないし、その証人を調達することもできない。

時差のある外国の社員に、シカゴの案件を任せるというのも不合理な発想だ。また、勤務評定を相対評価にしていることもおかしい。どんなに優秀なスタッフが揃《そろ》っていても、縦一列のランク付けではトップとビリが生まれてしまう。役に立たない社員など、もう残っていないのに。

ジニーは恐ろしい間違いを犯している。サム（＊編注：パルミサーノのこと）も、そしてジニーも、ＩＢＭは社員で成り立っていることを忘れてしまっているのだ。会社の一番の財産が何か理解できなかったツケは、すぐに回って来るだろう。ＩＢＭは臨《りん》界《かい》点に達している。もう、改善の手立てはない」

昔のＩＢＭなら、アイディアを売ることができた。顧客のもとに駆けつけ、プロジェクトを管理し、アプリケーションを開発し、顧客に大きく貢献してきた。概《がい》して契約はきちんと守られ、プロジェクトやコンピュータに高いコストがかかっても、顧客はそれ以上の恩恵を得ることができた。銀行から会計帳簿をなくし、その業務形態を変えたのもＩＢＭだ。「bankers hours（銀行の営業時間）」という言葉が示す通り、以前の銀行の窓口業務は午前一〇時から午後三時まで。それ以降は扉を閉めて、帳簿の照合作業を行なっていたが、ＩＢＭがその作業を不要にした。

しかし、それも昔の話だ。**この一〇年間の顧客業務が、会社の評判に傷をつけた。**もはや顧客は、ＩＢＭがプロジェクトをまともに管理して最後までやり遂げるとか、契約通りにプロジェクトを機能させられるとは思っていない。今のＩＢＭは、自分たちが売りつけた商品のサポートで精一杯だ。この一〇年で深い痛手を負った。おかげで既存の事業は採算ベースを下回り、新事業はスタッフ不足で成功が危《あや》ぶまれている。

事態の経緯を把握《はあく》するために、ＩＢＭのトップに目を転じてみよう。

「ストックオプションのようなリスクの無い手段を通してではなく、自分の資金を使って会社の株式を保有する——そうやって経営者と株主の利害を一致させることが重要だ、という私の経営哲学は、ＩＢＭの重要な理念になった」。元ＣＥＯのルー・ガースナーは自著 'Who Says Elephants Can't Dance?'（邦題『巨象も踊る』山岡洋一、高遠裕子訳　日本経済新聞社）でそう語っている。

ガースナーに楯突《たてつ》く（あるいは彼から学んだはずの）今のＩＢＭのリーダー陣は、自らの決断が将来悪い結果を招いても、痛くもかゆくもない。経営者というものは、会社を長期間にわたり発展させようと努めるものだが、この会社のリーダー陣はそうじゃない。

ＩＢＭの問題点については、本文でじっくり検証しよう。ただし、本書を執筆した理由と、この挑発的なタイトル（原題）の理由についてはここで説明しておきたい。

本書を執筆したのは、七年もの間、このテーマを繰り返し記事にしてきたにもかかわらず、何も変わらなかったからだ。だから、ＩＢＭについて私の知っていることをすべて一冊の本にまとめ、ＩＢＭ再生の道を読者に向けて訴えようと思ったのだ。第十章では、ＩＢＭ再建の手段にまで踏み込んだ。まだ手遅れではない。しかし、時間はどんどん減っている。

本書の原題『The Decline and Fall of IBM（ＩＢＭの衰亡《すいぼう》）』は、一七七六年に全六巻で出版された、エドワード・ギボンの『ローマ帝国衰亡史』からヒントを得た。『ローマ帝国衰亡史』は、ローマ史を初めて現代風にアレンジした本であり、一次史料を基にした客観性の高い作品だ。永遠に続くと思われていた帝国の滅亡がそこに綴《つづ》られている。現代の産業界では多くの人間が、この帝国の姿とＩＢＭを重ねているにちがいない。

ギボンの説によれば、ローマ帝国が蛮族《ばんぞく》に侵略を許したのは、ローマ人としての美徳を失ったからだ。ローマ人は時の流れとともに柔《やわ》になり、帝国の守りを蛮族の傭兵《ようへい》たちに委託し、しまいには彼らに帝国を乗っ取られてしまう。この傭兵たち（プレトリアン・ガード）が邪魔《じゃま》な皇族を暗殺して権力を握り、報酬の引き上げをひっきりなしに要求したことが帝国衰退の原因だとギボンは見ている。

どうやら、現代のＩＢＭも「プレトリアン・ガード」に仕切られているらしい。

自費出版の本も、多くの人たちの支えがあって完成する（＊編注：原書は米国の大手出版社からのオファーがあったものの、あえて自費出版の形で出版された）。エディターのケイティ・ガーリー、マイケル・マッカーシー。コピー・エディターのカーラ・ウェスターマン。表紙デザイナーのラース・フォスター。本書を出版できたのは、ＩＢＭの多くの誠実な社員たちからいただいた貴重な情報とヒントのおかげだ。ただし、このヒーローたちの実名を掲載すれば彼らの職を奪うことになりかねないので、やむを得ず匿名《とくめい》にさせていただいた。

彼らの協力が無駄《むだ》にならないことを祈るばかりである。

第一章

巨象の体質

アメリカを象徴するブランドを支えた保守性とマイペース

古き良きIBMブランド

「今」を生きている人間などいないに等しい。私たちの心はたいてい、近い「過去」を向いている。下した判断が体《てい》をなし、長きにわたって順調に事が進んだ、近い「過去」に――。IBMと聞いて、ほぼ誰もがワトソン親子を思い浮かべるのはそのためだ。当時（一九六〇年代と七〇年代）のIBMは、いわば国家さながらの企業だった。ある意味では今もそうだ。IBMの総売上高をGNP（＊編注：国民総生産のこと。現在はGDP〈国内総生産〉を使用）で置き換えるとすると、ほとんどの国を上回る。社員数はおよそ四三万人。その配偶者と子供を加えれば、IBM国民はゆうに一〇〇万人を超える。

二〇年前のIBMは、人口統計学的にはクウェートに似ていたが、気質的にはスイスにそっくりだった。共通するのは昔から保守的で少々鈍く、変化が遅いが豊かな点だ。それにどちらも、出ていく金より入ってくる金の方が常に多かった。物覚えが遅く、マイペースな点も似ている。スイスもIBMも、何があってもへこたれない。少なくとも本人たちはそう思っていた。動きはスローだったかもしれないが、誰も口を出さなかった。自分たちのペースを守るためなら、彼らは戦いも厭《いと》わなかったからだ。何かを強要されようものなら、どんな手段を使ってでも勝利をものにしただろう。

スイスのように、ＩＢＭも陸封《りくふう》だった。スイスの場合はよその国々に囲まれているが、ＩＢＭは地理的に問題がなくても、規制と内部競争が障壁となった。独占禁止法と、事業が一部制限された一九五六年の同意判決に包囲され、国内は混乱した。さらに足枷《あしかせ》となったのは、社内の各コンピュータ事業部同士の縄張《なわば》り争いだった。内輪揉《も》めを規制する法律や同意判決など存在しないから、これを抑制する手立てはなかった。

ＩＢＭはコンピュータを発明したわけでもなければ、最高性能のコンピュータを作ったこともない。**当時、どこよりもたくさんのコンピュータを作っただけだ。**だが、デザイナーズ・ジーンズが一世を風靡《ふうび》した後も、ブルージーンズと言えば誰もがリーバイスを思い浮かべたように、「ＩＢＭ」はコンピュータの代名詞だった。

ＩＢＭ製のコンピュータは特徴に乏《とぼ》しかったが、ここの社員となると話は別だ。私が取材した企業の中で、社員がなにかと結束するユニークな社風があるのは、ＩＢＭとプロクター＆ギャンブル（Ｐ＆Ｇ）だけだった。これはきっと、会社の雇用体系と刷り込みによるものだろう――なにしろ両社には、公式の歌集があったくらいだ。ニューヨークやシンシナティの販売会議に一〇〇〇人が集い、雇用主を称《たた》える歌を大合唱すれば、強い連帯感も生まれるにちがいない。

ＩＢＭでは独自の言語が使われていた。ミニコンピュータは「ミッドレンジシステム」、モニターは「ディスプレイ」。ハードディスクドライブには連続で高速回転する一枚から複数枚の磁気ディスクが内蔵され、そのディスクは固定されていないのに、どういうわけか「固定ディスク」と呼ばれた。六〇〇ドルのＩＢＭ製ディスプレイは二四九ドルのサムスン製モニターとはひと味違うという幻想や、シーゲートと業務提携して作られたＩＢＭの固定ディスクは、半値で売られているシーゲート・ブランドの同一品より優れているといった幻想は、こうした用語に対するこだわりによって生まれた。

ロレックスやグッチのように、**自分たちが売るのはコンピュータではなく、「ＩＢＭ」というブランド**であることを彼らは心得ていた。当時のＩＢＭの社員たちは少々自信過《か》剰《じょう》で、敏捷《びんしょう》さに欠けていた。新卒採用者がほとんどで、他社での就業経験がない。高級車のビュイック・リーガルを乗り回して毎週日曜の朝に洗車場へ行き、追加料金を出してホットワックスをかけてもらうような連中だった。彼らの満ち足りた中産階級のライフスタイルは、ＩＢＭとの取引を望んでいるシリコンバレーの起業家たちの度肝《どぎも》を抜いた。この起業家たちは、中年の危機を迎える前にひと財産築いてフェラーリを買おうとしゃにむに働いている自分たちとは違う人種が、この世界に（しかも、このコンピュータ業界に）生息していることが理解できなかったのだ。

ＩＢＭの人間は、億万長者になるためにこの世界にいるのではない。そんなケチな了見《りようけん》など持ち合わせていなかった。

ストックオプションにあぐらをかき、株が八ドルで公開されるのを待っているような、どこかの新興企業の人間とは違っていた。ＩＢＭの人間は、およそ九〇年前に「コンピューティング・タビュレーティング・レコーディング」という名称で株式を公開した会社のために働いていたのだ。

何百万ドルもするコンピュータを売り歩くＩＢＭの販売員は歩合《ぶあい》制だったが、販売区域の割り当てがあり、所得が制限されていた。エレクトロニック・データ・システムズの創業者で、後に大統領選に出馬したロス・ペローは、かつてＩＢＭの販売員をしていたことがある。彼は一年間の販売ノルマを一月末に達成させた。残りの一一カ月間はコンピュータを販売することも、収入を得ることもできないと知って嫌気《いやけ》がさし、会社を辞めた。

彼らが求めていたもの、それは「権力」

当時のＩＢＭで働く人たちは、金持ちになる必要などなかった。彼らが欲しかったもの

――それは、福祉国家顔負けの充実した福利厚生がある、終身雇用制の会社で働いているという安心感か、もしくは地球上で最強の会社の出世階段を上り詰めたときに手にする、絶対的な権力だった。ＩＢＭでは、金と権力は同義語ではなかった。ここでは権力が好まれた。

成功と権力の代償は、ＩＢＭのルールとペースを守ることだ。ルールとは、会社が命じた所に行き（「ＩＢＭ」はI've Been Moved〈移動させられた〉の略だと言われた）、会社が命じたことを実行し、部外者と仕事の話をしないことだった。足並みの乱れを許さない会社では、それがときとして弱みになるが、ＩＢＭの場合もそうだった。八六万本の足並みを揃《そろ》えるのは時間がかかり、ペースが乱れた。

一九八〇年代中頃の絶頂期には、管理者層が一七段階あった。確かにこれは多すぎだ。しかし、恐竜が環境に適応しながら数千万年もわが世の春を謳歌《おうか》したように、これは、同じく管理者層が何段階もある大企業や政府との取引に合わせた結果だった。管理者層は、各決定事項のチェック機能を果たす。これほど安全網が大きいと、誤った決定がまかり通ることはほとんどなかったが、その他の決定もなかなかスムーズには下されなかった。そして後に、**これが会社の最大の欠陥であり、会社が絶望の淵《ふち》に沈んだ原因**だと判明することになる。

たとえば、新事業がスタートするときは、担当者は事前に会社から重要だと思われる情報をすべて細かくブリーフィングされる。その内容があまりに充実しているので、ほとんどの担当者はわざわざ自分でリサーチしようと思わなくなる。もしもマーケティングの担当役員が、自社製ＰＣと他社製品を比べてみたいと思ったら、わざわざ自分の目で実物を確かめてみなくても、手元の資料を開けばたいてい事が足りてしまうのだ。

ＩＢＭの上層部は、競合企業もコンピュータのグローバル市場もまるで眼中《がんちゅう》になく、持てるエネルギーの大半を社内の政治ゲームに注いでいた。

マイクロコンピュータという新たな市場

実は、ＩＢＭのマイクロコンピュータ市場への参入は、企業内紛がきっかけだった。メインフレーム（訳注：企業の基幹業務などに利用される大規模なコンピュータ）の市場シェアをめぐる戦いや、事業部同士の激しい縄張り争いに疲弊《ひへい》していた社員にとって、新たな市場開拓は朗報だった。

一九八〇年頃のマイクロコンピュータ事業では、懸念《けねん》すべき事業部間の競争も、独占禁止法に抵触する恐れもなさそうだった。最も重要だったのは、商談の相手がこれまでIBMの販売員と固い握手を交わした覚えがない、新規の顧客ばかりだったことだ。製品を売らなければ、会社には一ドルたりとも入ってこない。それは疑いようのない事実である。マイコン市場への猛攻を指揮する役員連中は、この新たな戦場での勝利が権力の中枢に繋がっていることを知っていた。権力の中枢――それは、ニューヨーク州アーモンクのIBM総本社である。

IBMは、メインフレームのシステム360の成功によって、企業と政府のIT関連業務をダントツ首位で独走した。システム360は、プログラミング言語のFORTRAN《フォートラン》とCOBOL《コボル》とともに、IBMの主力商品だった。当時はそれが最先端だったが、当然、状況は変化する。問題は、IBM自身がその状況の変化に気づかなかったことだ。

IBMが能力や熱意に欠けていた、というわけではない。この会社は創業以来、テクノロジーの新時代を迎えるたびに、自己改革する能力を見せつけてきた。ところが、それらの大躍進には犠牲を伴った。製品が売れた後の数年間は、いつも業績が低迷したのだ。一九六〇年代のメインフレーム・システム360然《しか》り。一九七〇年代のミニコンピュータ・システム34と38も然り。一九八〇年代のPCもまた然り。だが、懐《ふところ》に入ったばかり

世界で最も使われていた巨大なコンピュータ

1964年にデビューしたシステム360（写真左）は、商用から科学技術計算までさまざまな用途に使われた。写真は60年代末にNASAで使われていたもの。（NASA）

の巨額の利益によって、経営はスムーズに進められていく。

ＰＣカンパニーとしての成功の陰で

しかし、利益がそれほど出なかった場合はどうなるのだろう。実はこれは、パーソナルコンピュータ事業の喫緊《きっきん》の問題だった。ＩＢＭのＰＣ事業は市場では成功していたものの、財政上は失敗だったからだ。

顧客の変化に追いついていられるうちは、問題なかった。パーソナルコンピュータが出現し、個人単位の消費者にテクノロジーが普及すると、状況がいささか変化した。すると、この大企業はＩＴ事業部から権限の一部を取り上げ、もはやそれほどメインフレームを崇《あが》め立てない別の部署へその権限を移譲した。やがて、状況はインターネットの台頭によってさらに悪化する。

ジョン・オペルがCEOとして「チェス」計画（IBMオリジナルのパーソナルコンピュータ・プログラム）を承認した一九八〇年頃、IBMの主力商品はメインフレームだった。ブッシュ（父）元大統領なら「ブードゥー・エコノミクス（呪術経済政策）」と呼びそうな手法をもっぱら土台にした大きな急成長にも、限界が見えていた。オペル率いるIBMは、リースのメインフレームを買い取るよう、大手の顧客をたきつけた。するとひと晩で、収益が一〇倍以上になった。このリースから買取への転換は、副社長兼CFO（最高財務責任者）のポール・リゾのアイディアだったと言われている。結果としてIBMは売上が急増し、一見、これまで以上にリッチになった。しかし、せっかく手にしたその利益も、その後、経営資金に回さざるを得なくなる。その元凶は、「買取がすべて完了した後も、この販売レベルはなんとか維持できる」という社内で公言されていた楽観論だった。

この時期には、ジョン・オペルは六〇歳の定年を迎えて退職していた（ワトソン親子以外のCEOは全員、六〇歳で定年退職した）。ジョン・F・エイカーズが次のCEOに就任すると、IBMはPCカンパニーとしての知名度を上げていく――ただし、知名度に反して、利益は上がらなかった。

その原因はコストとアジリティ（敏捷《びんしょう》さ）、競合企業、そしてマイクロソフトだ。コンパックやデルのような低コスト構造の企業がPCで利益を上げるなか、ビッグブルーは製品価格を下げ続けていた。すべてのコンピュータがマイクロソフトのソフトウェアで動いていたので、IBM製のコンピュータを優位に立たせられる条件は何ひとつなかった。なお悪いことに、これらの新興企業はもたつくIBMを置き去りにして、新世代PCの開発に成功した。

IBMはある時期、市場に出ていたインテル社の80286プロセッサを買い占めようとした。その意図は、マイクロプロセッサの供給を制限して、競合企業を出し抜くことだったらしい。しかし、この狙《ねら》いが裏目に出る。IBMの動きを察したコンパックが、さらに高性能の80386プロセッサの採用に踏み切ったのだ。取り残されたIBMは、一九八二年から生産され、もはや時代遅れとなった286の在庫を使い切ろうとする。その結果、IBMのPCは、価格に見合わない代物《しろもの》となってしまった。

なぜマイクロソフトは見切りをつけたのか

悪いことはさらに続く。IBMはPC市場での巻き返しを図り、新しいハードウェア・プラットフォーム〈マイクロチャネル・バス、別名アーキテクチャ〈＊訳注：ネットワーク、アプリケーションなどの基本設計や設計思想〉を採用したPS2シリーズ〉と、新しいオペレーティングシステム・ソフトウェアのOS2を発表した。

PS2とOS2の生産コストは数十億ドルに上り、競合製品に比べると格段に経費が嵩《かさ》んだ。しかも、もともと購買決定の失敗によってやむなく286プロセッサを採用しただけに、PS2の性能も高くはなかった。するとPCのクローン業界は、今回のIBM製品のクローン製造を見送ることにした（＊編注：クローンとは他のメーカーにより作られたIBMPC互換機のうちオリジナルの模倣に近いもの）。マイクロチャネルのライセンス料を支払うだけ無駄だというわけだ。それまでIBMは、新しいPCチップを売り出すために旧式モデルや低価格のアーキテクチャを市場から一掃していたが、今回は担当者の冷静な判断によってその慣例を破ったおかげで、PC部門は命拾いをした。

IBMとマイクロソフトは、ウィンドウズの開発プランとPS2をめぐって袂《たもと》を分かったが、これがPCクローンの売上に影響を及ぼすことはなかった。するとマイクロソフトは、ＩＢＭに頼らなくても業績を伸ばせることに気づき、これまで優遇してきたＩＢＭに見切りをつける。一九九二年にＩＢＭが抱えていた問題がＰＣ事業に関するものだけだったなら、エイカーズはなんとか切り抜けられたかもしれない。だが、この会社はさまざまな方面で争いを繰り広げていた。

アムダール社と日立《ひたち》製作所が売り出したＩＢＭメインフレームの互換機が、最重要部門の売上を低迷させていたし、リース企業がＩＢＭの収益源を脅《おびや》かしてもいた。これは、リースから転換した買取件数もピークを過ぎて下がり始め、収益と利益の両方が悪化した時期とちょうど重なっている。それでもＩＢＭは依然として、そう簡単に伸び縮みしそうにない売上高比率の修正に、巨額の投資を行なっていた。

当時のＩＢＭにとって、ＵＮＩＸ《ユニックス》オペレーティングシステムは、他のＰＣクローン以上の脅威だった。メインフレーム事業が脅かされるだけでなく、苦労して築き上げたクローズドソース・ソフトウェアのエコシステムが侵害されるからだ。

ＵＮＩＸはＩＢＭが開発したものではない。ＩＢＭはＡＩＸ《エーアイエックス》と呼ばれるＵＮＩＸ系ＯＳを開発したが、当然のことながら、当時の性能はあまり良くなかった。現在はかなり改善されている。オープンソース採用以前のＡＩＸの人気は低迷した。ＵＮＩＸの強みはオープンスタンダードであること。つまり、相互操作が可能なマルチソース・ソフトウェアで低コスト、ということだ。ＩＢＭはこれに戦いを挑んで利益を下げてしまう。

一九九〇年代に入っても、ＩＢＭでネットワーキングといえば、主にデータ処理能力のないコンピュータ端末（つまりはＩＢＭ製コンピュータ端末）と通信することを意味していたが、競合企業では、インテリジェント・ターミナル、マイクロコンピュータ、そしてゼロックスが開発した、ローカルエリア・ネットワーク（ＬＡＮ）で接続できるワークステーション「イーサネット」の採用が迅速《じんそく》に進められていた。やがてＩＢＭも、トークンリングと呼ばれる独自の技術を使ってイーサネットに対抗したが、これも御多分に洩《も》れず、低性能高価格の代物だった。

通信速度はイーサネットの毎秒一〇メガビットに対して、トークンリングは四メガビット。ＩＢＭはトークンリングの決定性アルゴリズムの効率性をしつこいくらいに宣伝したが、イーサネットの開発者、ボブ・メトカーフは「一〇は四に優《まさ》る」とただ一言を繰り返しさえすればよかった。その後、トークンリングは通信速度を一六メガビットまで向上させたが、そのときすでにイーサネットは一〇〇メガビットまで行き（現在は一ギガビット以上）、勝負はまたしてもイーサネットの勝ちだった。米国を代表する企業ＩＢＭは、**ネ**

ットワーク事業に大きく軸足を移し、その事業の大半を手放すことになったのだ。

終身雇用が会社の重荷に

こうした話のいくつかは、読者も耳にしたことがあるだろう。けれども、一九八二年に始まった、ＩＢＭのゼネラルシステム事業部とデータプロセッシング・グループの統合による影響については、多くのＩＢＭファンも知らないはずだ。

当時のＣＥＯジョン・オペルは、ＰＣとタイプライターをメインフレームと抱き合わせ販売する次善策として両事業部の合併案を打ち出したが、実際にはこれが会社に大きな打撃をもたらした。低価格帯部門に目をつけたまでは良かったが、メインフレームの威力を誇示しすぎて痛手を負った。こうして徐々に方向性を見失った結果、エイカーズがＣＥＯだった一九九〇年代初めには、**低価格商品は壊滅的な状態に陥った**——ＩＢＭは、自らの首を絞《し》めたのだ。

エイカーズには、何ひとつ解決策が見つからなかった。一九九三年には、ＩＢＭは四〇〇億ドルカンパニーでありながら、八〇億ドル以上の損失に直面していた。公平を期すために断っておこう。これはエイカーズのミスではない。前任者、ジョン・オペルのミスである。これについては後ほど検証しよう。ＩＢＭの別のＣＥＯが、前任者の戦略的遺産によって窮地に追い込まれたエピソードの中で、この話を再び取り上げるつもりだ。

ＩＢＭに残された道は人員整理だった。それをしなければ、倒産するかもしれない。（Ｔ・Ｊ・ワトソン・シニア以外の前任者たちが全員そうだったように）ＩＢＭに全キャリアを捧《ささ》げたエイカーズには、満身創痍《まんしんそうい》の会社が社会的に進歩した雇用慣行をとり入れ、それを四〇万人以上の社員に適用させることなど不可能に思えた。すると、一〇万人の社員と終身雇用制度が突然、重荷になった。

一九一一年の創業から一九九三年まで、ＩＢＭは社員を一人たりとも解雇したことがない。エイカーズは解雇の必要性を感じながらも、そうする勇気を出せなかった。会社には憎まれ役が必要だったが、ジョン・エイカーズには荷が重すぎたのだ。

これが、昔のＩＢＭの姿である。いまや影も形もなくなり、二度とその姿は戻ってこない。ＩＢＭは、大きなアイディアも大きな過《あやま》ちも繰り出した。その過ちを経て現われたのが、今のＩＢＭだ。そして今のＩＢＭを形作った立役者は、ジョン・エイカーズが招いた混乱を（真犯人はジョン・オペルだが）収束させるために初めて外部から招聘《しょうへい》された、ルイス・Ｖ・ガースナーだった。

第二章

外様経営者の過ち

ガースナーはＩＢＭを建て直したと同時に衰亡の種も蒔いた

「僕らのＩＢＭセールスマン」（「ジングルベル」のメロディで）
IBM, Happy men, smiling all the way.
Oh what fun it is to sell our products night and day.
IBM, Watson men, partners of T. J.
In his service to mankind-that's why we are so gay.
ＩＢＭ、ハッピーマン、いつもニコニコ
昼も夜も商品を売るのはなんて楽しいんだ
ＩＢＭ、僕らはＴ・Ｊ・ワトソンの仲間
彼は世の中にご奉仕——だから僕らもこんなに愉快《ゆかい》

創業者が掲げた「現代の企業経営のあり方」

ＩＢＭは国家さながらの企業で、スイスと類似点が多い——そう前章で述べた。私がこの譬《たと》えを初めて用いたのは一九九一年のことだ。しかし、それからわずか二年後の一九九三年、ＩＢＭは八〇億ドルの損失を抱えて倒産寸前の状況に追い込まれた。こうなるともう、スイスはあまりうまい譬えとは言えないかもしれない。一九九三年頃のＩＢＭは、戦後初期の日本にずっと近かった。

もしも、一九九三年にＩＢＭが倒産していたらどうなっていただろうか？　管財人の管理下に置かれ、事業の大半は存続していただろう。満身創痍ながらも再建し、利益性の高い製品ラインは生き残っただろう。しかし、昔から大事に守ってきたアイデンティティは失っていたはずだ（「ＩＢＭ」という社名が消えてしまったかもしれない）。このアイデンティティの潜在的損失と企業文化の損失は、ジョン・エイカーズ以下のＩＢＭ社員にとって、最も耐え難いことだった。

ＩＢＭには豊かな伝統があった。それは事業形態から自然発生したものではなく、会社を起こして五七年間経営したワトソン親子の人柄から生まれたものだった。たとえばＩＢＭは、社会的に進歩している企業だった。たとえ進歩していなくても、二十世紀前半なら事務機器とコンピュータの販売で成功する可能性は十分あったのに――。実はこの会社は、ワトソンが理想に掲げた**「現代の企業経営のあり方」を具現化したもの**だったのだ。

今もまだ会社に骨を埋《うず》めるつもりでいる多くの社員たちは、昨今のこの企業文化の変容に裏切られた気持ちを抱いている。彼らはこの文化を、社のモットーである「個人の尊重」を軸とした、企業と社員間の契約だと捉《とら》えているのだ。しかし、彼らが契約を結んだ相手はＩＢＭではなく、ワトソン親子だ。この契約は、一九七一年にＴ・Ｊ・ワトソン・ジュニアが引退した後の二二年間、採算性と気運とノスタルジアだけでかろうじて残っていた。ワトソンの契約を会社がこれほど長い間守れたのは、それだけの資力があったからだ。一九七〇年代に高利益を上げたＩＢＭには、終身の福祉構造に投資できる余力があった。ところが、一九九三年にはその蓄《たくわ》えとともに、ワトソン親子の契約も、その後を引き継いだＩＢＭとのインチキ契約も、きれいさっぱり消え失せてしまった。

セールスマンは「戦士」階級

一九九三年頃のＩＢＭは、譬えるなら戦後や封建時代の日本だ。ＩＢＭは昔から進歩的だと言われたが、実はそれはうわべだけ。実際には、**今も昔も明確な階層社会だ**。階層は、**「王族」**、**「貴族」**、**「戦士」**、**「魔法使い」**、**「職人」**、**「奴隷《どれい》」**の六つに分かれている。昔はワトソンの姓を持つ人間であれば王族になれたが、今は現ＣＥＯ一人だけだ。貴族の称号は、財務部門や人事部門などの基幹業務、もしくは会社全体を管理する人間に与えられ

20世紀のIBMは社会的責任を担ってきた

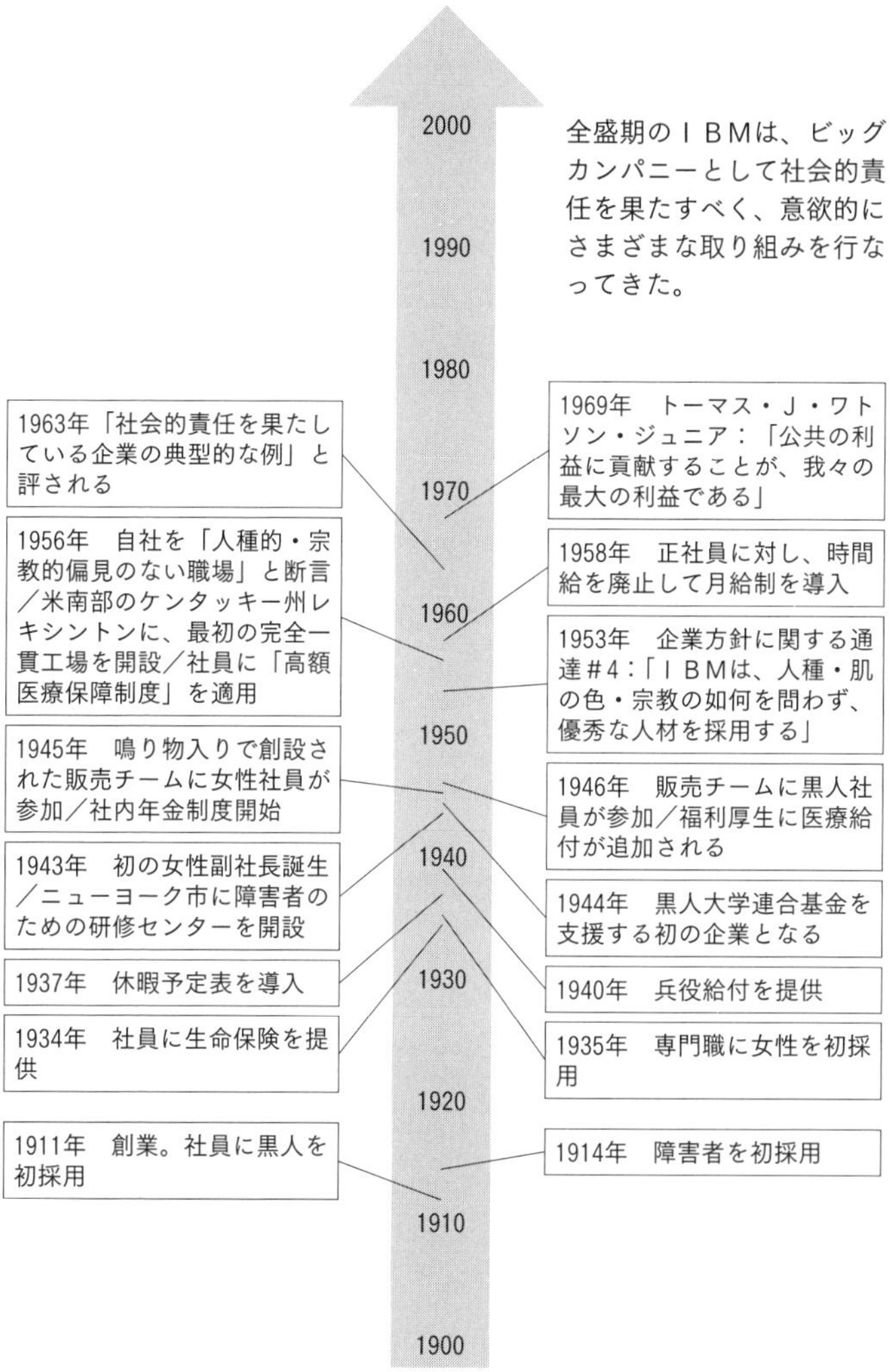
2000
1990
1980
1970
1960
1950
1940
1930
1920
1910
1900
全盛期のＩＢＭは、ビッグカンパニーとして社会的責任を果たすべく、意欲的にさまざまな取り組みを行なってきた。
1969年　トーマス・Ｊ・ワトソン・ジュニア：「公共の利益に貢献することが、我々の最大の利益である」
1963年「社会的責任を果たしている企業の典型的な例」と評される
1958年　正社員に対し、時間給を廃止して月給制を導入
1956年　自社を「人種的・宗教的偏見のない職場」と断言／米南部のケンタッキー州レキシントンに、最初の完全一貫工場を開設／社員に「高額医療保障制度」を適用
1953年　企業方針に関する通達#4：「ＩＢＭは、人種・肌の色・宗教の如何を問わず、優秀な人材を採用する」
1946年　販売チームに黒人社員が参加／福利厚生に医療給付が追加される
1945年　鳴り物入りで創設された販売チームに女性社員が参加／社内年金制度開始
1944年　黒人大学連合基金を支援する初の企業となる
1943年　初の女性副社長誕生／ニューヨーク市に障害者のための研修センターを開設
1940年　兵役給付を提供
1937年　休暇予定表を導入
1935年　専門職に女性を初採用
1934年　社員に生命保険を提供
1914年　障害者を初採用
1911年　創業。社員に黒人を初採用

る。**戦士は昔から、販売部門の人間**――ここがポイントだ。魔法使いは、誤解されがちながら一目置かれる存在であるリサーチ部門の人間。職人は、熟練したプログラマーとエンジニア。奴隷は、製造や顧客サービス、サーバー管理に携《たずさ》わる者たちである。

IBMのCEOは、昔から「戦士」、つまり販売畑出身でないとなれなかった。魔法使いは出世すれば貴族になれるが、決してCEOにはなれない。だいぶ前にIBMを退職した私の古い友人もそうだった。サービス技術者から上級副社長と事業部門マネジャーにまで出世したものの、販売部に在籍した経験がなかったがためにCEOになれなかった。資質は十分にあったし、彼がCEOになれば会社も上向きになっただろうに。

IBMの公式歌集「I.B.M.の歌」の大半は、たとえ特許部部長や秘書室の「ガールズ」（本当にそう呼ばれていた）を称《たた》える内容であったとしても、販売員（セールスマン）に歌わせることを目的としたものだった。IBMのセールス軍団は、会社の顔とも言うべき存在だった。一九九三年に弱体化したと見られているが、それは、度重なる会社の不祥事に彼らが幻滅し始めたからだ。それでも彼らは戦士として、可能なかぎり、権力の空白部分を埋める責任を担《にな》った。だがそれは、エイカーズの失策とCEOの交代という混乱にうまく乗じたとも言える。

「はじめに」で紹介したホーマー・サラソンは、世界的大成功を収めたメインフレーム、システム３６０の開発に繫《つな》がったＩＢＭ６５０と８０１時代のチーフ・エンジニアだった。彼は、逆風下の戦士というものを熟知していた。ＭＩＴ（マサチューセッツ工科大学）で博士号を取得したサラソンは、日本のエレクトロニクス産業再建のために、ダグラス・マッカーサー将軍の誘いで日本に渡っている。そこで彼が目にしたのは、マッカーサー率いる進駐軍に頭を下げながらも、学ぶ姿勢を忘れず自国の復興に備える、謙虚で我慢強い日本人技術者階級だった。当時のＩＢＭの販売部門は、まさにそれと同じ状態だった。

ＩＢＭは、表面上は団結力の強い組織に見えたが、社内では稼ぎ手である販売部門が優遇されていた。販売チームは当然、実作業とは無縁だった。彼らは、ワトソンとの契約が破棄された後も、自分たちは別格だと思っていた。顧客の詳しい情報を握っていたからだ。しかし、それは彼らの単なる思い込みにすぎない。実際に彼らが握っていた情報は、ＩＴ部門の責任者や、もっと悪いことに、自社のテクノロジーの現状などほとんどわからない情報部門責任者からもたらされたものだった。つまりＩＢＭの対顧客情報機関であるべき販売部門は、見当違いの相手から情報収集するというミスを繰り返していたのだ。そして、そのミスが長い間、表面化しなかったのは、ＩＢＭの上層部が現実から目を背《そむ》けていたためだった。

エイカーズとガースナーの違い

IBM販売部門は、今もなくならない社内の階級闘争への備えを怠《おこた》らなかった。そんなとき登場したのが「IBMのマッカーサー」、ルー・ガースナーだ。

一九九三年にジョン・F・エイカーズからIBMの経営を引き継いだルイス・V・ガースナーは、当時の体験を『巨象も踊る』に綴《つづ》っている。この彼の著書には興味深いエピソードや洞察が満載だが、当然、それはガースナーの視点で語られているので、彼自身を批判するくだりは一つもない。本章の目的は、ルーが著書で省いた細部を読者に提示すること、つまり、彼の手腕を現代ビジネスの背景に当てはめ、IBMに現在の苦難をもたらした彼の備えの甘さを指摘することである。

ジョン・エイカーズとルー・ガースナーの違いを理解するために、まずはコネティカット州にある二人の自宅を比較してみよう。情報はすべて、パブリックソースから簡単に手に入る。Zillow.comによれば、ウェストポートにあるエイカーズの自宅の価値は二九〇万ドル——豪邸である。一方、グリニッチにあるガースナーの自宅は一七八〇万ドル——こちらは超豪邸。一般的な基準から見れば両者ともリッチだが、ガースナーの方がエイカーズより格段にリッチだ。これは、重要なデータポイントである。

エイカーズと違って、ルー・ガースナーはIBMに入社して儲《もう》けた。アメリカン・エキスプレス社とRJRナビスコ社のCEOを歴任し、窮地のIBMを救うために招聘《しょうへい》されたガースナーは、その任務に対する見返りを求めた。彼の雇用によって、IBMではCEOの報酬に対する新たな前例が生まれた。これ以降、歴代のCEOたちは、ガースナーのような外様《とざま》であろうと、生《は》え抜きであろうと、一〇〇万ドルの年収を期待するようになる。これは、IBMの経営方針における重大な変化だ。そしてこれこそが、会社に現在の危機をもたらし、さらなる社内格差を招いた大きな要因だった。

権力構造と報酬体系を見れば、どんな企業かだいたいわかる。役員報酬が低い企業の体力は、（たとえ幹部が一人しかいなくても）社員の頭数で評価される。「人員を増やせば企業体力は増す」という考え方は、効率性の低い労働環境を生む。エイカーズ時代とそれ以前のIBMがその典型だ。

役員報酬に特に制限のない企業の体力は、その報酬額で評価されることになり、それに伴ってCEOの報酬は不透明な理由でどんどん上がっていく。これに当たる今のIBMでは、経営幹部の給与は高い反面、下級役員と一般社員の給与は業界水準を下回るという二層構造になっている。つまり、ＩＢＭの企業体力は報酬額で評価されているが、いかんせん社員の頭数も多いということだ。おそらくこれが、この会社の弱点だろう。

外様ＣＥＯが手にした大きな権限

ガースナーにはインタビューの依頼に応じてもらえなかったが、その著書を読めば、彼が入社した頃のＩＢＭは傲慢《ごうまん》な階級組織で、立場を超えた率直なコミュニケーションや、幹部と直接顔を合わせて状況説明する機会はおろか、状況を把握する機会も乏しかったことがわかる。この会社は顧客の実際のニーズに考えが及ばない、内向きの組織だったのだ。さらにこの会社では、マイクロソフトとインテルとの戦いに巨額の資金が投入される一方で（ガースナーの目にはそれが負け戦《いくさ》に映った）、メインフレーム事業は資金不足にあえぎ、人為的に高価格を維持して利益を絞《しぼ》り出していた。

ガースナーが、ＣＥＯ時代にＩＢＭ文化のこうした側面を変えたことは評価できる。顧客が重視され始め、社員は一〇万人削減された。ガースナーは、ＰＣ戦争の事実上の覇者《はしゃ》はマイクロソフトだと認め、ＩＢＭのほぼ独占状態だったメインフレームビジネスへの投資を拡充した。こうした彼の判断は、すべて正しい。

ガースナーは、改革など不可能だと思われてきた会社で、これらの改革をすべてやり遂げた。それは、彼にそうする権限が与えられていたからだ。ＩＢＭの顧客も社員も幹部も、ガースナーが会社を劇的に変えてくれることを期待していた。それが彼の任務であり、彼は会社を救うためにその任務を遂行する権限を与えられたのだ。他に選択肢はない――それは誰もが承知していた。この点では、**ＩＢＭにとってのガースナーは、まさに日本に対するマッカーサーのような存在**だったと言えるだろう。彼が悠々《ゆうゆう》と改革を実行できたのは、全権を与えられていたからだ。外からやって来た彼には、ＩＢＭの旧体制に義理立てする必要がなかった。

どのＣＥＯも、その地位に就《つ》いたときに何らかの権限を与えられる。そうした権限の中には、他とは比べようもないほど大きなものもある。ガースナーは、**ＩＢＭを救うためならどんな手を使ってもよし、というお墨付き**を得ていた。彼の後継者たちはこれほどの権限を手にしていない。この点に留意しながら、話を進めていこう。

ガースナー最大の改革は、視点の転換だった。まずは顧客を重視すること。そして、その顧客にサービスを売ることを重視した。

「この業界が何千ものニッチ市場企業に分化すれば、ITサービスは業界の大きな成長分野になるだろう」とガースナーは書いている。この読みは正しかった。ITサービス（企業と政府を顧客としたコンピュータ、アプリケーション、データの管理）には、新工場建設や新製品開発ほどの大きな資本は必要ない。ガースナーにはITサービスが金のなる木に見えた。そこで資金不足のIBMを潤《うるお》すべく、ITサービス事業をスタートさせたのだ。そしてこれは現在、会社の最大の収入源になっている。

ガースナーは、IBMを対応型組織（＊訳注：変化の激しい市場や顧客のニーズに迅速《じんそく》に対応できる組織のこと）に変えるための指針を打ち出した。そこには主に、IBMの旧体制の何を、新体制でどう変えるべきかが示されていた。彼の著書にも紹介されている、ガースナーCEOの目から見た改革前後のIBMの状況を挙げてみよう（左ページの表参照）。

ガースナーは外様ではあったが、IBMについて何も知らなかったわけではない。弟のディック・ガースナーが、ずっと以前からIBMの上級役員だったからだ。CEOとなる兄に、ディックは次のようなアドバイスを贈った。

「ガースナー改革」の前後でIBMはどう変わったか

改革前 →	改革後
プロダクトアウト（作り手優先の考え方）	カスタマーイン（顧客のニーズ優先の考え方）
自分の流儀で実行する	顧客の流儀に合わせる（真のサービスを提供する）
意欲の向上の実現を目指す	成功の実現を目指す
現実的根拠のない意思決定	事実とデータに基づく意思決定
人間関係を重視する	業績を重視して評価する
考え方を画一化させる	アイディアと意見を多様化させる
誰が悪いのかを追及	なぜそうなったかを追求
事なかれ主義	説明責任の徹底（障害の排除に努める）
国内（アーモンク総本社）優先	グローバル・シェアリング
規則重視	主義重視
個人主義（部門最適システム）	全体主義（全体最適システム）
分析マヒ	迅速な意思決定と実践
自社開発主義	学習する組織（適応し、変化する能力を継続的に開発する）
考えなしに資金投入する	優先順位を決定する

ガースナーは約50億ドルという巨額の赤字（1992年）を出して瀕死の状態にあったＩＢＭを、わずか５年で60億ドル強もの利益を計上するまでに復活させた。その功績は上の表にあるような改革によるものである。

・公私兼用PCを用意すること。PROFS《プロフス》（社内通信システム）を活用すること。前任者はこれを活用しなかったばかりに痛い目に遭《あ》った。

・近視眼《きんしがん》的な提案、縄張《なわば》り争い、背信《はいしん》行為には厳しく対処し、他への見せしめにすること。当然のことのように聞こえるだろうが、IBMではこういうことが頻繁《ひんぱん》にある。

・社内でも社外でも、自分の言動はすべて分析され、勝手に解釈されることを心得ておくこと。

・下心のないアドバイスをしてくれる相談役を、プライベートで見つけること。

・母さんに電話すること。

「顧客中心路線」とはいうものの

ルー・ガースナーへの賛辞《さんじ》はこのへんにしておこう。この章の後半は、彼の失敗について検証しようと思う。最初に取り上げるのは、ITサービス事業がスタートした後の顛末《てんまつ》だ。そう、ガースナーは顧客中心路線を指示した。でも、彼は前線にいなかった。そのおかげで、サービス事業は彼の考えとは違うやり方で進められた。しかもなお悪いことに、彼の管理下でも間違った意思決定がいくつか下された。そしてそれは、今も会社に悪い影響を及ぼしている。

「一九九〇年代を通して、IBMサービス事業の最大の取引相手は、身内（つまりIBM自身）と大手電話会社のAT&T、そしてシアーズ百貨店やコダックなどの企業だった」と、IBMの古株社員が教えてくれた。

「顧客は数こそ多くなかったものの、大手企業ばかり。一番の取引相手は自分の会社だった。IBMを支えていたのはIBM自身というわけだ。三〇万人を超えるユーザーを抱えていたから大口顧客だ。IBMはしょっちゅう、自社に好都合な売り込みをしていた。売る側から見れば、サービスへの要求はさほど高くないし、最新の技術も要らない楽な顧客だった。たとえば、ファイルサーバーやLANサービスはないも同然で、文書類はほぼすべて、電子メールに添付して回覧されていた。IBMの電子メールシステムは地球上で最も費用のかかるシステムのひとつで、ユーザー一人に対し、同等システムの軽く一〇倍はかかっていた。IBMは、自社にもサポートサービスを売り抜けした可能性がある。もしそうなら、ある部署の利益が他の部署の損失になったはずだ」

二〇一四年現在も、IBMには企業用ファイルサーバーがほとんどない。社員はいまだにファイルを電子メールに添付するか、ノーツ（＊訳注：ロータス・ノーツのこと。文書共有、電子メール、電子掲示板などの機能を持つグループウェア）やウェブのアプリケーションにダウンロードしている。IBMの顧客マスター・データベースはデータベースではない。スプレッドシートだ。デスクトップ内蔵のバックアップサービスはあるが、ハードドライブを失《な》くしたら、データの回復に三〇〇時間以上かかる。三〇〇時間といえば二週間近い。その間、何もできないわけだ。

IBMのやり方、ライバルのやり方

IBMグローバル・サービス部門は、企業のITオペレーションとリソース管理のサポートを目的として、一九九一年の春にスタートした。一九九〇年代のグローバル・サービスの顧客たちは、陸の孤島《ことう》同然だった。AT&Tも、シアーズとコダックも、それぞれ担当者がチームを組んで別個に業務に当たっていた。

当時、効率向上を目指していたIBMは、複数の顧客を一元管理して各チームで情報を共有できるGeoplex《ジオプレックス》（＊訳注：データやアプリケーションを地理的に離れた場所のサーバーにコピーして共有できるシステム）の概念を思いつく。これなら、業務や能力の統合と交流がいくらか可能になり、アイディアの共有が実現できる。しかし残念なことに、「社員の頭数が企業体力を示す」と考えているような企業では、チーム同士の連携に対するモチベーションが低かった。結果的にＧｅｏｐｌｅｘはチーム単位で利用され、チーム間の足並みは揃わないままだった。

この時期、ＩＢＭは顧客サポートに活用できる、もっと優れた技術を開発できたはずだ。顧客は限定されていたのに、グローバル・サービス内で情報の共有は行なわれなかった。ツールとプロセスに関する決定権はすべて、オースティンの技術チームと内部顧客であるＩＢＭが握っていた。この分野で最も経験豊富なチーム（販売チーム）はほとんど関与せず、しかもオースティンの技術チームのアイディアは、さほど使いものにならなかった。

一九九〇年代にガースナーがグローバル・サービスの拡大を図っていたちょうどそのとき、この部門は、エレクトロニック・データ・システムズ（ＥＤＳ）やコンピューターサイエンス株式会社（ＣＳＣ）といった競合企業からの攻撃に脅かされていた。これらの企業の売りはシンプルでクリアな契約。しかも価格も抑えめだったので、ビッグブルーが獲得に乗り気でなかった小企業に食い込み、大成功を収めた。なぜ、ＩＢＭは小企業を敬遠したのだろう？　それは、ガースナーの改革が進む中、依然として新規の契約に平均六〇万ドルものコストがかかったからだ。それに見合うだけの利益を小企業から回収するのは難しいと判断し、手をこまねいていたのだった。

「ＥＤＳが入ってきて訊《き》くわけですよ。御社にはデスクトップが何台ありますか、って」と、ＩＢＭグローバル・サービスの元セールス・エンジニアが当時を語る。「システムはどれくらいありますか？　これがお値段です。もしお気に召さないなら勉強させていただきますよ、って具合でね。かたや小さな軍隊を引き連れてきて、入札に何カ月も費やす――それがうちのやり方でした」

一九九〇年代を通じ、ＩＢＭ、ＥＤＳ、ＣＳＣの三社はサービス価格を引き下げたり、顧客をトレードしたりしてしのぎを削った。当時の顧客はコストダウンのために、サポートサービスの切り売りや部署ごとの入札を求めた。一社のＩＴ業務をしぶしぶ競合他社と分担しているベンダーもいたわけだ。

ちょうどこの時期、ＩＢＭはより安い労働力を求め始める。カナダを皮切りに、ブラジル、そしてインドなど、人件費の安い国へ業務を委託した。ガースナーの高らかな宣言にもかかわらず、**サービスの品質、効率性、生産性はちっとも改善されなかった。**ビジネス戦略は低賃金労働者の投入だけ。これでは当然、品質にも効率性にも生産性にも悪影響が出る。それでもＩＢＭは気にしなかった。国内労働者一人分の人件費で、八人のインド人労働者が雇えたからだ。

こうしたオフショアリング（＊編注：業務を海外に移管すること）の波は後に全国的に高まるが、ＩＢＭで始まったのは一九九七年頃、ガースナーが引退する五年前のことだった。

一九九七年から一九九八年頃のＩＢＭグローバル・サービスに所属していた社員たちによれば、グローバル・サービスは、違約金を支払ってでも顧客サポートを縮小した方が利益は上がる、と判断したという。取引先を裏切るという文化は、このとき生まれた（後にその程度は悪化する）。その後の数年間、ＩＢＭはどんどんつけ上がり、取引先をますますぞんざいに扱った。これもまた、ガースナーの管理下での出来事である。おそらく彼は、こうした事態に気づいてさえいなかったにちがいない。

大企業にとって、データは大事な命綱だ。ＩＴが充実している企業は業績も良い。逆にＩＴがお粗末な企業は、数年後にたいてい苦境に陥る。情報システムがなおざりにされれば、マネジメントの効果はどんどん薄れていく。確かに、一部の企業が姿を消したのは、取引していたIBMのせいかもしれない。しかし、それは業界の大きな流れだった。多くの企業が苦心してITのコストを削減し、それが原因で破綻《はたん》したのだ。例として挙げられるのはシアーズ社、スプリント社、ベスト・バイ社。そして最も記憶に新しいのがターゲット社だ。

「お客様の成功に全力を尽くす」というIBMの価値観は、どこに消えてしまったのだろう?

ネットワーク部門売却という愚行《ぐこう》

ルー・ガースナーの二つ目の大失敗は、一九九八年の終わりにAT&Tにネットワーク部門を売却したことだ。しかし、ガースナーによれば、この売却もれっきとした戦略だった。彼は著書で次のように書いている。

「私の心に浮かんだのは、こうした（ネットワーキング）企業の大半が今後五年かけて必死に構築しようとしている資源が我が社にはある、ということだった。それにもし、世の中が私たちの予測した方向（過剰なネットワーク社会）へ動いているなら、我が社のネットワークの価値は決して上がらない。だから、最高額を提示した競《せ》り手に売却することを決めたのだ。三五億ドルの値がつけば上出来《じょうでき》だと思っていた。だが、AT&Tは一時の気の迷いか、五〇億ドルを提示してきた。IBMの利益にさほど貢献していない事業にしては、破格《はかく》の高値だった」

実際は、もっと複雑な事情があったらしい。IBMがネットワーク部門の売却を望んだ理由は他にもある。第一に、社員と彼らの未来収益をAT&Tに譲渡《じょうと》する契約も一緒に結ぶことで、五〇〇〇人の社員を退職金なしで削減できるからだ。第二に、IBMのネットワーク部門は、同社の他のITサービス事業部門と同様に、IBM自身を最大の顧客にしていた。しかし、断然コストのかかるサプライヤーだったので、コスト削減を目標にしているIBMとしては、これを手放す必要があったのだ。かつての内部競争のせいで、コストが膨《ふく》らみすぎていたのかもしれない。これだけでも売却の理由としては十分すぎるほどだが、さらに、一九九〇年代後半に生まれた「ネットワークが切り売り可能な一般商品になりつつある」という認識が追い打ちをかけたようだ。IBM、MCI、AT&T、グローバル・クロッシング——扱う商品はみな同じ。となれば、どのサプライヤーを使ってもたいして違いはない。売却実現にはこうした経緯があった。

しかし、それ以降ずっと、IBMはこの売却を悔やみ続けてきた。

AT&Tは、IBMのネットワークを手中に収めるために、他の競り手に負けない金額を喜んで提示したようだ。だがその理由は、AT&Tが競り手の中で一番のネットワーク・ベンダーだったからではない。そしてこれは、ひと晩で差し換え可能な資産の売却にとどまる話ではなかった。実はAT&Tが高値と引き換えに欲しがったのは、今後数年間のIBMの事業だったのだ。これも、取引の一部に含まれていた。

新たにAT&Tで働くことになった元IBM社員たちは、まずいことに、伝統ある（規制はされているが独占状態同然の）電話会社の社員としての教育が身についておらず、顧客サービスの慣れない方針にまごついていた。一方、IBMは、自社のネットワーク業務の管理だけでなく、ネットワーク部門のニーズを直接満たしてきたグローバル・サービスの顧客企業の業務管理をも断念していた。IBMの顧客だった企業はいまや、電話会社の顧客の顧客になったのだ。そしてこのツケは一五年経った今もなお続き、サービスは低下したままである。

ガースナーは、ネットワーク事業を最高入札者に落札して会社に深刻な被害を与えた。売却は当然だったのかもしれない。だが、落札額が低くても、AT&Tよりましな企業に売るべきだった。

しかし、**ルー・ガースナーの最大の失敗は、おそらくサム・パルミサーノを後継者に選んだこと**だろう。これについて、ガースナーは著書で次のように語っている。「私は門外漢だった。しかし、これが私の仕事だった。サム・パルミサーノには、私が決して実現できなかった過去を実現させるチャンスがきっとあるはずだ。彼の課題は後戻りせずにそれを成し遂げることである。それにはまず、ＩＢＭを内向きで自己中心的な組織に駆り立てた遠心力が、今も会社に根強く存在していることを知らなければならない」

第三章

まやかしのロードマップ

企業目標は二〇一五年にEPS二〇ドルを達成すること

パルミサーノに贈られる数々の賛辞

ミスも犯したが、ルー・ガースナーがＩＢＭを救い、社の体質を変えたことは確かだ。

前述したように、実際の内情は当時の報道以上に複雑だったが、ＩＢＭの経営状態を一九九三年のＣＥＯ就任当初より格段に改善して二〇〇二年にサム・パルミサーノに手渡したガースナーの功績は、評価されて然るべきだ。

パルミサーノもガースナー同様、数々の決断を下して会社を指揮する立場に就《つ》いたわけだが、彼の唯一最大の使命は、**ガースナーのせっかくの努力を台無しにしないこと**だった。いわば、触《さわ》らぬ神に祟《たた》りなし。だが、パルミサーノは結局、余計《よけい》な手出しをした。そのおかげで、今のＩＢＭは見る影もない。

二〇一一年の大晦日《おおみそか》に、パルミサーノがＣＥＯの座をジニー・ロメッティに譲り渡して退任したとき、この手の話は報道されなかった。つまり、巨大企業の内情を知るのは、それだけ難しいということだ。物事が誤った方向に進み、その本物の影響が表面化するまで、数年、あるいは数十年かかることもある。「フォーチュン５００」に載るような典型的な大企業でＣＥＯを務めるのはたった四年ほど。長期的な問題はさておき、その四年の間に改革と称して短期的な利益を出せばいい――ＣＥＯとはなんて魅力的な仕事だろう。

サム・パルミサーノがルー・ガースナーから大喜びで引き継いだのは、前CEOと同額の報酬だった。彼のボーナスの額はIBMの株価に連動していたので、株価上昇がIBM最大の目標に掲げられた。こうした数字を生み出すのが得意だった彼は「二億七一〇〇万ドルの退職金を得た」とfootnoted.comは伝えている。これは当時、アメリカ企業のCEOの退職金としては最高額であり、会社を救ったガースナーの退職金をもはるかに超えていた。

しかし、当時のマスコミは、パルミサーノにはそれだけの価値があると見ていた。「パルミサーノの就任以来、IBMの利益はうなぎ上りで、株価も上昇している」。そう報じたのは『ニューヨーク・タイムズ』紙だ。「今年前半、テクノロジー業界において、IBMはマイクロソフトを抜いて時価総額世界第二位に就き、消費者向けテクノロジー企業トップのアップルに次ぐ存在となった」

次に、パルミサーノの遺産について、『フォーチュン』誌がどのように伝えているか見てみよう。「ガースナー退陣後の九年間、IBMは財政面でも戦略面でも強さを増し、そう、かつてないほど魅力的にもなった——すべてはガースナーの後継者、サム・パルミサーノの功績だ。パルミサーノの指揮により、利益は四倍になり、株価は五七パーセント上昇している。彼の戦略はコスト削減に留まらない（とはいえ、業務を国内からインドへ移すなど、数多くの削減プランを実践している）。スーパーコンピュータ事業やアナリティクス事業など、新たに研究部門の強化が必要なホットビジネスを海外展開し、会社の刷新《さっしん》を図っている」

教育機関もパルミサーノの戦略を高く評価した。『ハーバード・ビジネス・レビュー』誌に至っては、彼に最大の賛辞を贈っている。「ゼネラル・モーターズ社のアルフレッド・スローン、ヒューレット・パッカード社のデビッド・パッカードとビル・ヒューレット、そしてゼネラル・エレクトリック社のジャック・ウェルチ——二十世紀、彼らのような選《え》りすぐりのリーダーたちが企業経営の基準を設けた。二十一世紀にその基準を満たすことができたのは、ＩＢＭ社のサム・パルミサーノ、ただ一人だ」

これだけではない。同誌がパルミサーノのＩＢＭでの業績を、どのようにまとめたか見てみよう。

「ノーベル賞に経営部門があるとしたら、サム・パルミサーノこそ、その受賞者にふさわしい」

役員報酬を上げるには株価を上げろ

ハーバード大学のビル・ジョージ教授は、ＩＢＭにおけるパルミサーノの業績を分析し、五段階に分類した。確かにパルミサーノ時代のＩＢＭの状況については、ある程度、特徴を捉えているが、それがパルミサーノ個人のことだと言うのなら、ほとんどが間違いだ。その第一段階は「ビジョンの実現のために、戦略と組織を練《ね》り上げる」ことだった、とジョージは述べている。

では、パルミサーノのビジョンとは何だったのか。社員とコストの削減も、社員とワトソンとの契約の帳消《ちょうけ》しも、サービス事業への転換も、ガースナーがすでに済ませている。「ＩＢＭの生え抜き」という強み（強みと言えるのか？）はあったものの、ガースナーの政策をなぞる以外にパルミサーノに何ができるのか、当時は誰にもよくわからなかった。

パルミサーノが最初にしたことは、ＩＢＭの最高幹部一一人による政策決定の場、「企業幹部評議会」を解散させたことだ、とジョージ教授は言う。ガースナーの退陣直後にパルミサーノはこうして外堀を埋め、権力の集約を図った。その後、社長とＣＥＯと会長を兼任したが、その頃にはもう組織の足枷《あしかせ》は外れ、基本的には抑制と均衡のない環境が整っていた。これで思い切ったことができる――まさにガースナーをも超えるチャンスだった。販売畑出身のパルミサーノがそれを実現すれば、販売部門がＩＢＭの最終的な覇者《はしゃ》となる。では――その全権力を使ってすべきこととは、何だったのだろう？

パルミサーノは、**「株主利益の最大化」というシンプルな手段で自分たちも思いがけない利益を得られることに気づいた。**

法廷に立つ弁護士は、法理論を武器にして戦う。法理論――それは世間と法の接点を示し、自分の依頼人が正しくて相手側が間違っていることを示す根拠となる理論だ。ひとつの法理論が別の法理論に勝てば、評決や判決という形で勝利が証明される。私たちの文化には、制度や行動に関するさまざまな理論が存在するが、その妥当《だとう》性については（法廷や陪審員《ばいしんいん》なしでは）はっきりしない。それでもこうした理論にしがみついているのは、自分で選んだ生活に自信を持ちたいからだ。

アメリカのビジネス界における重要な理論は、「株主利益の最大化」を企業目標にすることである。それが、企業の唯一の存在意義だ、と主張する人までいる。ＣＮＢＣやフォックス・ビジネスなどのニュースチャンネルを観ていると、これが絶対的真理に思えてくるが、実際はそうではない。これは、単なる理論にすぎないのだ。

この理論にはそれほど古い歴史はない。一九七六年、ロチェスター大学のマイケル・ジェンセンとウィリアム・メックリングは『The Journal of Financial Economics』誌に、ある論文を発表した。そのタイトルは「Theory of the Firm: Managerial Behavior, Agency Costs and Ownership Structure（会社の理論：経営行動とエージェンシー・コストと株主構造）」。

その理論とは、簡単に言えばこうだ。ビジネスでは所有者（株主）と経営者の対立がつきものであり、この対立には、企業の所有者たる株主の利益に繋《つな》がる解消手段が必要であること。そしてその最善策は、経営者の報酬を株主の利益に結びつけて利益の調整を図ること――。つまり、この経済学者たちの主張によると、**まず役員報酬を株価に連動させれば、とにかく業績は向上してこの厄介《やっかい》な対立が解消される**というのだ。

しかし、このような解消策はさらなる問題の呼び水になりそうな気がする。確かに、CEOが会社を倒産に追い込んだり、過剰な報酬を得ていたら、このビジネス理論（と社内規則）に従って、株主がこの能無しCEOをクビにできる。しかし、利益をエレガントに調整し、システムを自動的でスムーズに機能させる機を見るべき経済学者の主張にしては、あまりに凡庸《ぼんよう》で、曖昧《あいまい》すぎやしないだろうか。問題は、ジェンセンとメックリングが示唆《しさ》した利益の調整は、帳簿の不正操作でも同じような効果が得られるという点だ（不正操作の方がずっと効果的かもしれない）。読者も心当たりがあるだろう。エンロン社（＊訳注：エネルギー関連企業）（元ＣＥＯジェフリー・スキリングが服役中）、タイコ・インターナショナル社（＊訳注：セキュリティ関連企業）（元ＣＥＯデニス・コズロウスキが服役中）、ワールドコム社（＊訳注：電気通信関連企業）（元ＣＥＯバーニー・エバーズが服役中）などの不祥事は、株主利益の最大化が生んだものだ。

だから、これは単なる理論——そう肝《きも》に銘《めい》じてほしい。

だが、ジェセンとメックリングの論文が実業界に衝撃を与えたのは、株価の上昇に合わせて役員報酬を（大幅に）引き上げる根拠がそこに示されていたからだ。より良い製品を作っても、病気を治しても、国家の敵退治に一役買っても、役員報酬は上がらない。ならば**目指すは株価の上昇、それ一点のみ**。一九六〇年代から七〇年代にわたり、企業収益一ドルに対するＣＥＯの平均報酬を三三パーセント引き下げていたアメリカ国内の各企業では、増収の効率化が進んだ。だが、（怪しげな）理論が登場して以来、四〇年あまり、役員報酬はどんどん上がり続け、今では誰もがこれぞ実業界の取るべき道——企業の存在意義だと信じている。

「株主利益は世界一ばかげた発想」とウェルチは言った

しかし同時に、企業の業績は悪化している。アメリカ国内の公開企業への投資利益率の平均は、一九六五年の四分の一だ。もちろん生産性はアップしたが、それもオートメーション化や過重労働が理由の場合もある（これについては、後で詳しく検証する）。ジェンセンとメックリングは、解決するはずだった問題を逆に作り出してしまった――そんな問題は、もともと存在していなかったのだ。

株主利益の最大化による弊害は、スタンダード・アンド・プアーズ社（＊訳注：アメリカの金融情報サービス会社）が算出する株価指数にも表われている。五〇〇種銘柄株の複利収益率が、一九三三年〜七六年の年間七・五パーセントから一九七七年〜現在の年間六・五パーセントへと下がっているのだ。この一パーセントは大した数字に見えないかもしれないが、銀行の受付窓口はそうは思わない。おそらく、この大きな複利の損失が今日の企業不信を招いたにちがいない。利益は上がっても、それが事実かどうかはわからない。株価が上がっても、投資家や経営者、労働者たちは心から満足していない――それが現状だ。

株主利益の最大化は、公開企業にとっても、一般社会にとっても、まずい政策だ。これについては、かつてゼネラル・エレクトリック社を自転車操業から見事に蘇《よみがえ》らせたジャック・ウェルチが、二〇〇九年の『フィナンシャル・タイムズ』紙で次のように語っている。「傍から見ても、株主利益は世界一ばかげた発想だ。株主の利益は結果であって、戦略ではない。（途中省略）企業の大事な要素は、社員と顧客と製品だ。経営者と投資家は、株価の上昇を包括的な目標にすべきではない。（途中省略）短期的な利益を、企業の長期的な価値の向上に結びつけてはいけないのだ」

この言葉をサム・パルミサーノに聞かせてやりたい。彼は二〇〇五年と二〇一〇年、一株当たりの利益（EPS）を企業目標にした。つまり、彼の独自路線政策の一環として、過去の株価収益率に基づくIBMの株価を経営目標に据えたのだ。そして、この行動は周囲から称賛された。

「世界一ばかげた発想」だとジャック・ウェルチが言ったのにもかかわらず、だ。

二〇一五年にEPS二〇ドルを達成する

株主利益の最大化を企業の最大の動機づけにしてはいけないと最初に提唱したのは、実は私ではない。ロジャー・マーティンだ。このばかげた騒動の源であるロチェスターからおよそ二七〇キロしか離れていない、トロント大学ロットマン・スクール・オブ・マネジメントの学部長だった人物だ。

マーティンの『Fixing the Game: Bubbles, Crashes, and What Capitalism Can Learn from the NFL（試合を立て直す：バブルとその崩壊、そして資本主義がNFLから学べること）』という名著の一節を紹介しよう。

「水曜日の記者会見に現われたNFL（＊訳注：全米プロフットボール・リーグ）のコーチを頭に思い浮かべてほしい。コーチは賭《か》け屋に『日曜日の試合は九点差で勝つから、ハンデ六点は低すぎる』と警告している。次に、試合後の記者会見に現われたクォーターバックの姿を思い浮かべてほしい。彼は、『コーチの会見を受けて最終ハンデは九点になったが、本番では三点差にしかならなかった』と謝罪している。まるで笑い話だが、企業のCEOはこの両者の役目を果たさなければならない」

マーティンが対比させているのは、彼が「リアル市場」と「期待市場」と名づけた二つの市場だ。リアル市場は商品やサービスが生産・売買される、いわば私たちが普通に暮らしている現実世界のこと。対する期待市場は、ある業績を予測し、必要なあらゆる手段を用いてその予測を実現させることだ。**期待市場は、まさに「賭け」である。**

ＩＢＭは二〇一五年にＥＰＳ二〇ドルを達成する――サム・パルミサーノは二〇一〇年にそう予測し、アメリカ企業史上、最大の賭けに出た。

このパルミサーノの暴挙について考えてみよう。彼は、ＩＢＭの存在意義を五年後の利益目標達成に結びつけただけではない。その成功・不成功の結果が出る頃には自分はもうＣＥＯを退任していることを承知のうえで、こうした大胆な行動に出たのだ。彼は、後継者のジニー・ロメッティにその責任を負わせた。

他に五年後の企業収益を予測する会社など、アメリカには一つもない。どこもそんな大きなリスクを負いたがらないからだ。企業からアナリストに対するガイダンス（妥当な数字を予測して挙げること）は普通、第１・四半期前か第２・四半期前に行なわれる。しかし、**第20・四半期先の利益をある程度の確信を持って予想することなど不可能**だ。それまでに企業のヒット製品とヒットサービスが組み合わされてどんな結果が現われるのか、知る術《すべ》がまったくないのだから。それでもサム・パルミサーノは断行した。おそらくＩＢＭでは、その行為は「信念の証《あかし》」だと捉《とら》えられているのだろう。

五年後の未来予測は信用詐欺《さぎ》か

だが、それはもしかすると、「信用詐欺《さぎ》」だったのかもしれない。あなたの目にはどう映るだろうか。

「信用詐欺とは、詐欺師集団が小道具やセット、エキストラ、衣装、台本などを用意し、数日あるいは数週間かけて実行する、一種のペテン行為のこと。その目的は、被害者に銀行預金を全額引き出させたり、家族から借金をさせたりして、大金を奪うことである」とウィキペディアには書いてある。

パルミサーノは五年後の利益を予測することで、四半期収益という課題をうまくかわした。ビッグブルーは創業七〇年で最悪の業績にもかかわらず、二〇一〇年に、最初の目標である一株一〇ドルを超える数値を弾《はじ》き出した。このとき、パルミサーノが二度と同じ手を使えないことに、誰も気づかなかった。

バーニー・エバーズ、デニス・コズロウスキ、バーニー・メイドフ（＊訳注：世界最大の株式市場ナスダックの元会長。巨額詐欺事件の犯人）、ジェフ・スキリングらは、信用詐欺を働いて法の裁きを受けた。サム・パルミサーノが彼らと同類なのか、それとも本当に偉業を達成したのか、本当のところはよくわからない。これは私見だが、就任当初のパルミサーノはＩＢＭ社員の創造力と忠誠心を信頼し、このやり方で業績が上がると信じていたにちがいない。

ＩＢＭには、販売組織が幅を利《き》かす封建時代の文化がある。**ＩＢＭの販売員の関心事は出世することだ**。ゆくゆくは経営に関与したい（貴族階級になりたい）と彼らは思っている。いつかはＩＢＭのＣＥＯに――と考えて胸を躍らせている。そんな販売員の下には、完全使い捨ての社員三五万人がいる。彼らは新しいものを創り出し、それを顧客に提供することだけを目的にしている。それができない社員は死んだ方がマシ。それがここの価値観なのだ。

ＩＢＭがＥＰＳ二〇ドルの目標を達成できるか否《いな》かについては、アナリストたちも論じることができるが、彼らが考えようともしなかったもうひとつの問題がある。それは、「パルミサーノが余計な手出しを一切しなかったら、ＩＢＭの一株当たりの利益は今、どうなっているか」という問題だ。

きっと今頃はもう、二〇ドルを超えているだろう。とすれば、サムが（今はジニーが）ずっとしてきたことは何だったのだろうか？

2015年「EPS20ドル達成」までのロードマップ

グラフは課税済み所得（PTI）と一株当たりの利益（EPS）*の変動を表わす

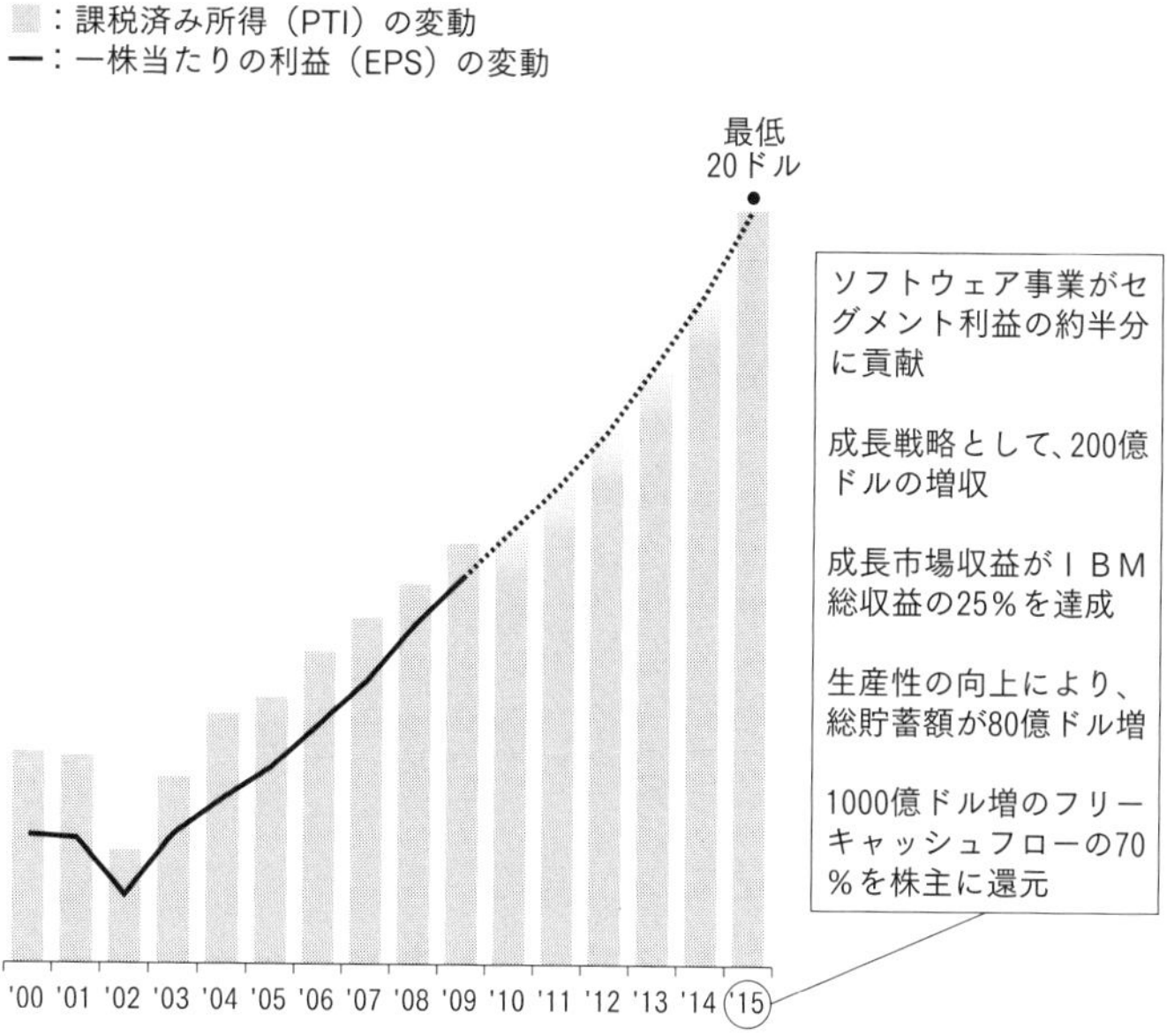

ＩＢＭのＥＰＳは2014年５月段階で約14ドル（p134）だったことを考慮すると、2015年に20ドルを達成するのは難しいだろう。しかしグラフは順調に右肩上がりだ。これだけ見れば超優良企業のように見えるが……。この結末は2014年秋に露見する。

＊Non-GAAP：本図のＥＰＳは買収に関連する支払いと退職に関連する業務外費用を除いたもの

出典：IBM 2010 Investor Briefing

パルミサーノは運がよかっただけ

これでわかるように、サム・パルミサーノのＩＢＭでの成功は、ほとんど運によるものだったと言える。

ではここで、本書で繰り返してきた重要なポイントをおさらいしてみよう。

ＩＢＭは、販売員が牛耳《ぎゅうじ》る販売会社。販売員は日本の戦士と同じ。「社外」から招聘されたガースナーは特例として、販売畑の人間しかＣＥＯになれないし、経営幹部に上り詰めることもできない。ＣＥＯと経営幹部はたいてい生え抜き社員。これは、ＩＢＭ以外で働いた経験がないことを意味する。つまり、彼らはＩＢＭ流のやり方しか知らない。広い世界観を持つ社外から来た人間がＩＢＭの奇妙なやり方に異《い》を唱《とな》えると、たちまち白い目で見られてしまう。部外者の考えは周囲から間違いだと決めつけられて、尊重されない。

契約が破棄されたり、販売ノルマが達成されないと、ＩＢＭの文化では、誰かが責めを負い、罰せられる。勤務評定の低い販売員は、「研修」を課せられることもあるし、特定の製品の販売が取り消されれば、担当者が処罰されることもある。ＩＢＭの販売組織では、自分たちの失敗を他のチームになすりつけることなど日常茶飯事だ。

今、サービス業務の収益が落ち込み、システム販売の業績が落ち込み、純利益全般が落ち込んでいる。これは誰かのせいにちがいない――この会社はそう考えている。責めを負うべきなのはＩＢＭの企業文化なのに。一時解雇、賃金の据え置き、自宅待機――ＩＢＭ側の言い分はいつも、「あなたは販売組織の役に立たないから」だ。ＩＢＭでは販売が最優先で、他のことはすべて二の次である。顧客に買ってもらえないのは誰かのせいだから、その人間に罰を与える――これが、ＩＢＭ流の問題解決法なのだ。

ＩＢＭのリーダーたちは、外の世界で働いた経験がない。だから、社員の処罰という問題解決法しか思いつかない。彼らはビジネスのプロセスも理解していなければ、経営には改善が必要な場合もあるという事実も理解していない。改善への投資は、全業務の健全性と効率性を守るために周期的に行なうことが必要なことも、理解していない。

パルミサーノが投資家説明会で利益目標を説明すると、ウォール街もＩＢＭの顧客になった。ＥＰＳ二〇ドルと株価の上昇をアピールした成果だ。ＩＢＭの今のリーダーたちは、このプランを無事に達成できるかやきもきしている。もしもＥＰＳと財務指標が一致しなければ、株価が上がり続けなければ、それは社内の誰かのせいにちがいない――そう考えるのがＩＢＭならではの常識だ。

一般社会の常識からずれていたサム・パルミサーノと経営陣（そして『ハーバード・ビジネス・レビュー』誌）は、二〇〇七年にＩＢＭの株価が急騰《きゅうとう》し始めたときに何が起きているのか気づかなかった。株価の急騰は、ＩＢＭが何か特別な手立てを用いたからではない。偶然、もしくは運によるものだった。そして金融システムと株式市場が崩壊すると、海外販売の基盤を持つ、財政が安定した数少ない大企業のひとつだったＩＢＭは、突如として「安全な投資先」となった。

ＩＢＭの事業はすでにルー・ガースナーが立て直していて、その大半は、顧客と複数年契約を交《か》わしている。たとえ一年、業績不振でも、財政面ではわずかな打撃を被《こうむ》るだけだろう。どんなに苦しい時期でも、複数年契約の平均収益は得られるからだ。

パルミサーノは余計な手出しを一切せずに、花道を飾ることもできたはずだった。一〇年前、銀行業界はウォール街の寵愛《ちょうあい》を得ようと躍起《やっき》になっていた。そして銀行の損益計算書は右肩上がりになり、その株価も急上昇した。二〇〇四年当時、私たちは、銀行が金《かね》儲《もう》けのためにあくどい行為を繰り返していたことを知らなかった。いかにこの業界が腐っていたかは、二〇〇八年の大不況と、大規模な金融緩和が如実《にょじつ》に示している。これと今の

ＩＢＭのどこが違うというのだろう。

株主利益の最大化を謳《うた》った企業はＩＢＭだけではない。そう、ほとんどの企業が同じことをしているが、これほど悪質ではない。ＩＢＭは、五年間の利益計画を利用して、アメリカ国内の他のどんな大企業より大胆に「期待市場」を取り入れている。ＥＰＳ二〇ドルという二〇一五年の利益目標を達成するためなら、どんな手も（そう、どんな汚《きたな》い手も）使うだろう。たとえ会社を潰《つぶ》そうとも、顧客に損害を与えようとも。

一九七六年にジェンセンとメックリングが例の論文を出す五〇年ほど前、ピーター・ドラッカーは、ビジネスの目的とは顧客を創り出すことだと書いている。次の章からは、最近のＩＢＭがどんな卑劣《ひれつ》な手段を用いているか、詳しく説明しようと思う。

第四章

巨大企業は変われない

かつての成功を追いかけ「プロセス」に固執する企業体質

なぜ「WHY?」と問うことから始めるのか

TED（Technology, Entertainment, Design：民間非営利団体Sapling Foundationが主催する世界規模のプレゼンテーションカンファレンス）の無料動画配信サービス、TED Talkで、ぜひ見ていただきたいプレゼンがある。登壇者はリーダーシップの権威で作家のサイモン・シネック。彼によれば、**優れたリーダーたちは、「WHY？（なぜ、こうするのか？）」と問うことで社員の意欲をかきたてる**という。これもまた、大企業が変化にうまく対応できない理由を知る、大きなヒントになるだろう。彼らは「WHY?」という問いかけができないわけではない。自分たちのスケールに合った、然《しか》るべき答えが出せないのだ。

各産業の重要な平均株価指数のひとつ、「ダウ工業株三〇種平均」（訳注：「ダウ平均株価」は経済ニュース通信社のダウ・ジョーンズ社が算出する代表的な銘柄の株価指数）は、一八九六年に一二銘柄でスタートした。そのうち、現在も構成銘柄に残っているのは、ゼネラル・エレクトリック、ただ一社である。残りの一一銘柄のうち、経営を存続している企業はいくつかあるものの、いまだリストに残留している企業は、表看板だけ掛け替えたところも含めてひとつもない。その多くは、アメリカン・タバコ・カンパニーやU.S.レザーのような業界の大御所《おおごしょ》ばかりだったが、それも今では一社も残っていない。これはある意味、驚くべきことだ。工業系の大企業は何十年もかけて大きくなったはずだし、その製品のほとんどは、今も私たちが必要としているものばかりなのだから。いったい、何が問題だったのか？

それは、**時代は変わるのに、大企業は時代に合わせて自分たちが変わるのを嫌う**ことだった。

工業系大企業の対極にいるスタートアップ企業のほぼすべてが、ごく自然に「ＷＨＹ？」に焦点《しょうてん》を当てることから始めている。シネックによれば、大企業ではまず「ＷＨＡＴ？（何をするのか？）」、次に「ＨＯＷ？（どうやってするのか？）」を問うが、「ＷＨＹ？」という問いかけにはほとんど無関心だという。確かにその通りだと私も思う。対する優れたスタートアップでは、「ＷＨＹ？」から始めることで社員の意欲を引き出している。

この「ＷＨＹ？」は、昔ながらのごくシンプルな理念だ。会社を立ち上げるのは、自分でその答えを見つけようとする人間だ。彼らは、自分の欲しいハードウェア・デバイスやソフトウェア・アプリケーションがこの世に存在しないなら、自分で作ってしまえと考えた人たちなのだ。スタートアップにとって、「ＷＨＹ？」は簡単な問いかけだ。それに簡単に答えられないなら、優れたスタートアップの創業者にはなれない。

アップルとアドビの「ＷＨＹ？」

「ＷＨＹ？」に対して「金儲けのため」と答える創業者は、道を踏み外している。ほとんどの場合、「富」は精一杯働いた結果であって、目的ではない。

たとえば成熟企業のアップルは、ｉＰｏｄやｉＴｕｎｅｓの「ＷＨＹ？」に「自分のミュージックコレクションを、どこへ行くにも丸ごと持ち運びできるようにするため」という答えを返してくるにちがいない。この手の発想が大企業は苦手だ。その理由としては、規模が大きすぎること、大企業としての驕《おご》りがあること、単に進むべき道を見失ってしまったことなどが挙げられる。しかし、どんなに会社が大きくなっても、成功の持続には「ＷＨＹ？」が絶対に欠かせない。大企業はそれに気づいていないのだ。

マイクロソフトでも、一九八〇年代と一九九〇年代に「ＷＨＹ？」の答えを全社員に浸《しん》透《とう》させている。その答えとはすなわち、「マイクロソフトのソフトウェアを動かすコンピュータを、すべてのデスクとすべての家庭に置くため」だった。しかし、それは昔のこと。今のマイクロソフトなら、この会社に内在する問題が露《あら》わになるような、違った答えがいくつも出てくるにちがいない。

一九八六年のこと。私はコンピュータ・ソフトウェア会社、アドビシステムズ初の消費者製品「イラストレーター」（＊訳注：ドロー系グラフィック制作ソフトウェア）の事業プラン作成に手を貸した。このイラストレーターの「ＷＨＹ？」に対する答えは、「アドビ創業者のジョン・ワーノックが描画プログラムを欲しがっているから」である。今思い出すと、この事業プランには、新規顧客部門の五年後の現金持高《もちだか》、正味《しょうみ》八万七〇〇〇ドルが計上されていた。まったく新しい流通経路から顧客を開拓する、まったく新しい事業を立ち上げるために何百万ドルも投資して、残る手持ち資金がたったの八万七〇〇〇ドルとは。

ほとんどの成熟企業には、こんな発想はないだろう。

だが、今のアドビの時価総額は三四〇億ドル弱。そのうちの三三〇億ドルはおそらく、イラストレーターに端《たん》を発《はっ》するソフトウェアの需要によるものだ。あの八万七〇〇〇ドルが、二八年で三三〇億ドルに化《ば》けたわけだ。

一九八六年当時のアドビは、プリンタコントローラーの設計とソフトウェアのＯＥＭメーカー（＊訳注：発注元の名義やブランド名で販売される製品を製造する事業者のこと）として順調に収益を上げていたが、こんな大胆なことができるほど大きな企業だったわけではない。マイクロソフトがアドビのポストスクリプト（＊訳注：ページ記述言語のひとつ）のクローンを売り出すと、ＯＥＭ事業が下降し始めたからだ。今のポストスクリプトの収益は、アドビの全収益のほんの一部にすぎない。

成熟製品ラインを持つ多くの大企業は、これと同じような状況を経験したことがあるにちがいない。だが、多くの企業は迫りくる問題が見えていながら、一〇〇億ドルもの取替え市場に足がすくんでしまう（あなたにも心当たりの企業がたくさんあるはずだ）。彼らには、一九八六年当時のアドビのまねはできない。「ＷＨＹ？」に対する明確な答えがないからだ。五年後の八万七〇〇〇ドルが会社の生き残りにどんなに重要でも、役員会の議題に上げることさえ無理だろう。

アドビが幸運だったのは、好奇心旺盛《おうせい》な創業者が組織の手綱《たづな》を握っていたことだ。万一、数百万ドルをドブに捨てることになったとしても、なんとか乗り切れるくらいの儲《もう》けを出していたことも幸《さいわ》いした。

しかし二〇一四年は一九八六年のようにはいかない。五年後の事業の成功を見越すことなど、もはや不可能だ。第５・四半期先を見越すことすら今では難しいというのに。ＣＥ

〇の在任期間だって平均四年ほどではないか。

だから大企業は、つまずいて致命傷を負いやすい。

大企業が陥る致命的な勘違い

今のIBMに「WHY?」と問いかけたら、どんな答えが返ってくるだろう。彼らに答えなんてない。何十年も前からただのひとつも。

スティーブ・ジョブズが生きていたら、IBMについて何と言うだろう。ジョブズ自身も理想のボスではなかったが、企業に変化をもたらす術《すべ》を心得ていたことは確かだ。それは、彼がアップル社に市場動向の最前線を走らせ、CEO在任中に会社の時価総額を五〇〇倍以上（五万パーセント！）上げたことからもわかる。映画『スティーブ・ジョブズ1995～失われたインタビュー～』の中で、私は彼にインタビューをした。そこでジョブズは本章の良い参考になる、こんなコメントを残してくれた。

「IBMやゼロックスの製造部門の人間は、良いコピー機や良いコンピュータを作っても評価されない。市場を独占している企業は伸び悩むが、それを打開できるのは販売やマーケティングの人間だ。彼らが経営の舵《かじ》も取るようになり、製造部門は意思決定のプロセスから締め出される。そして会社は、優れた製品を作る意味を忘れてしまうんだ。製品を生み出す感性や才能のようなものが市場を独占するまで会社を成長させたのに、製品の良し悪しがわからない経営陣がそれを鈍らせてしまう。（途中省略）連中は、本気で顧客の役に立ちたいなんて思っちゃいないのさ」

これが、今のＩＢＭの姿だ。つまりこの会社は、**自分たちが売る製品やサービスをほとんど理解していない人間に動かされている**。今のＩＢＭは販売組織だ。ちゃんと商品を顧客に提供できるなら、それでまったく問題ない。だが、ＩＢＭではそれがどんどんできなくなってきている。

ＩＢＭが商品をちゃんと提供できない理由については、ジョブズも語っている。原因は、**プロセスに対する病的なまでの執着**だ。かつてはそれが強みだったが、今では致命《ちめい》傷《しょう》である。

「（省略）大企業は勘違いするんだ。会社が大きくなり始めると、誰もが最初の成功を再現したくなる。そして、成功を生んだ秘訣はプロセスにあると考えて、それを社内で統一し始めるが、やがてプロセスこそが意義だと勘違いするわけだ。つまり、それがＩＢＭ転落の原因さ。ＩＢＭは世界一のプロセス集団だ。本当の意義なんて忘れちまっている」

スティーブ・ジョブズの言葉は実に的《まと》を射《い》ている。彼がこの発言をしたのは一九九五年。ＩＢＭを救うべくガースナーが華々《はなばな》しく登場した二年後のことだった。

アップルの粋《すい》を集めたｉＰｏｄとｉＴｕｎｅｓは、全社員の「ＷＨＹ？」から生まれた。かつてのアップルの人気商品は、ＣＤバーナーのついたｉＭａｃだった。ＷＨＹ？それは、人々がたくさんの音楽をリッピング（＊訳注：ＤＶＤビデオや音楽ＣＤのデジタルデータをパーソナルコンピュータに取り込む行為のこと）していたからだ。彼らはさまざまな音楽を組み合わせてＣＤに焼き、それを手持ちのＣＤプレーヤーで聴いていた。一九九〇年代のポータブルミュージックプレーヤーはそこそこ人気があったものの（首位はソニーのウォークマン）、性能はさほど高くなかった。そしてたくさんの「ＷＨＹ？」を経《へ》て、アップルはついにｉＰｏｄとｉＴｕｎｅｓのアイディアを思いつく。音楽と家庭用電化製品とコンピューター――この三つの産業を永久に変えてしまった成功の誕生だった。

変化に必要なのは「問いかけ」

たくさんの問いかけをすることが、ビジネスの最初の重要なプロセスだ。問いかけることで会話が生まれ、アイディアを共有し、自分の考えを磨《みが》くことができる。社員の知力を結集し、それを問題やアイディアに注げば、驚くようなことが起こるはずだ。
ＩＢＭでは長年、そういうことが起きなかった。

一九九五年にスティーブ・ジョブズにインタビューした数年後、ＩＢＭグローバル・サービス（＊編注：ＩＴの運用とリソースの管理を目的とした事業部）は、この会社のドル箱となった。だが、他社もＩＴのアウトソーシング事業に乗り出して強力なライバルとなる。数年もの間、ＩＢＭは変化を拒《こば》み、会社の名前と評判を売りものにしようとした。競争市場では価格も売り物だ。社名と評判以上に重要である。

販売会社であるＩＢＭは、最初から製品価格を抑えた。問題は、彼らが意義を忘れてしまっていたことだ。同じサービスをより良く、より安く提供する準備はしていなかった。だから安い価格を維持するためコスト削減に無理を重ねた結果、サービスの質が低下した。

同じような状況でも、変化の方法を心得ている企業はまず、問いかけることから始める。すると会話が生まれ、考えが磨かれ、変化への道筋が見えてくる。ＩＢＭはそれを怠ったのだ。

グローバル・サービスの中身を変えようと考えたＩＢＭは、まず、社員に残業代未払いの過重労働を強《し》いることから始めた。

数年前、三万二〇〇〇人あまり（当時の全社員の約一〇パーセント）のシステム管理者にサービス残業を強要し、集団訴訟に負けて六五〇〇万ドルの和解金を支払っている。弁護料を別にしても、一人当たりの賠償額は二〇〇〇ドルほどだ。その後、ＩＢＭは、不満をくすぶらせていたその社員たちの給与を一五パーセントカットし、次の残業代にそれ以上の額を上乗せするからと釈明しておきながら、実際は残業代をなくすために、就業時間を週四〇時間に制限した。

残業するには、毎回、副社長の承認が必要だった。つまり、システム管理者は全員、給与を一五パーセントカットされたまま、きっちり週四〇時間働かされたのだ。当事者数人に話を聞いたところ、彼らは次の解雇リストのトップに挙げられ、最終的にはクビを切られたという。解雇手当の期間が終わると、今度はその多くが、賃金が低くて福利厚生のつかない契約社員として再雇用された。当時の契約社員の給与は、正社員の五〇〜六〇パーセントだった。そして最終的には、国内社員の多くが国外社員の指導を強いられた挙句《あげく》、仕事を海外に奪われてしまった。

なんだか、『戦場にかける橋』を彷彿《ほうふつ》とさせるような話ではないか。

この映画は、やっとの思いで完成させた橋の崩壊で終わる。同じことが今まさに、IBMの既存事業に起きている。IBMのサービスの質は長年にわたって低下し、顧客も迷惑を被《こうむ》った。IBMでは、顧客を獲得し、新事業をスタートさせることがだんだん難しくなっている。契約を途中解除され、和解金を支払い、訴訟も起こされた。神聖視されてきたIBMの名前と評判は、いまや身から出た錆《さび》によって攻撃の的《まと》となっている。どんな製品も、サービスも、事業も、時を経て変化する。変化は、成功しているほとんどの企業に欠かせない重要なものだ。**変化は、問いかけることから始まる、一つのプロセスなのだ。**

「なぜ、私たちはビジネスに身を置くのか？　自分たちの仕事をより良く、より速く、より安くするには、どうすればいいのか？　ライバル会社はどんなことをしているのか？　顧客対応を改善するにはどうすればいいのか？」――IBMグローバル・サービスは、こんな問いかけを絶えず繰り返すべきだった。

だが、実際には一度も問いかけていない。グローバル・サービスの金科玉条《きんかぎよくじよう》は「契約」。物事の改善や変更に関するどんなアイディアや提案も、「契約に関係ない」という理由で即、却下《きやつか》された。ましてや、IBMは非常に封建的な組織だ。奴隷《どれい》は、姿を見せることも声を上げることもご法度《はっと》。特別な許可を与えられた奴隷だけが、考えることを許される。ＩＢＭは、机上《きじょう》の空論《くうろん》に多額の投資を行なった。事業改善の中身は、年季の入った奴隷たちを、低賃金・低教育で経験も乏しい新しい奴隷たちと入れ換えることだった。

なぜスマートフォンに「腰が引けた」のか

一九八一年、ＩＢＭは、新製品のＰＣの売上台数を二五万台と見積もっていた。彼らは、これが数十億ドルビジネスに成長すると思っていただろうか？

一九九二年には、ＩＢＭ初のスマートフォン、Ｓｉｍｏｎ《サイモン》が、数十億ドルビジネスの突破口になると思っていただろうか？

では、二〇〇一年のアップルは、ｉＰｏｄが数十億ドルビジネスに成長すると思っていただろうか？

数十億ドルビジネスのアイディアは、そう簡単には出てこない。自分のアイディアがそこまで成長してくれれば、と誰もが願っているが、そうなる可能性があるかどうかは実際には誰にもわからない。

では、なぜアップルは成功し、ＩＢＭは成功しなかったのだろう？　これは、ＩＢＭの将来の成功・不成功の指標となる重要な問いかけだ。

数十億ドルビジネスというものは、たいてい長年にわたる進化、長年にわたるコンスタントな投資、そして長年にわたる変化と改善の賜物《たまもの》だ。その準備期間中からずっと、いくつもの問いかけが発せられ、アイディアが議論される。**つまり、組織全体が考え続けて生まれるものなのだ。**

PC業界におけるIBMは、支配権を握ろうとしてリーダー的立場から転落した。コントロールしようとすればするほど、コントロールを失ったのだ。まさに、聞く耳を持たない企業の典型である。

IBMのスマートフォンは、時代を先取りする素晴らしいアイディアで、リサーチと開発を継続すべき商品だった。テクノロジーとマーケットの準備が整っていたら、IBMは、大きな新ビジネスの代表選手になっていたにちがいない。

しかし、量産品メーカーとなることを望んでいないIBMは、量産部門のPC事業を、今は中国とノースカロライナに本社があるレノボ・グループに売却した。

おそらく、スマートフォンという消費家電で数百万ドル稼《かせ》ぐという発想に、腰が引けたのにちがいない。彼らには、低予算で大量生産できる高性能の集積化《しゅうせきか》デバイスを作る文化などないからだ。

製品とサービスは、成長するとほとんどがコモディティ化し、競争市場で売買される。これは、ビジネスの典型的なライフサイクルだ。販売企業であるＩＢＭは、販売競争が激化すると、その事業から撤退する癖《くせ》がある。販売会社であるがゆえに、激しい競争に備えて製品とサービスを継続的に改良する必要性に気づかないのだ。

今、アップルが波に乗っているのは、新しいアイディアに対して積極的だったからだ。優れた新しいアイディアをいくつも追求し、何年もかけてそれに投資と改良を重ねてきた。

これが世界初のスマホだ

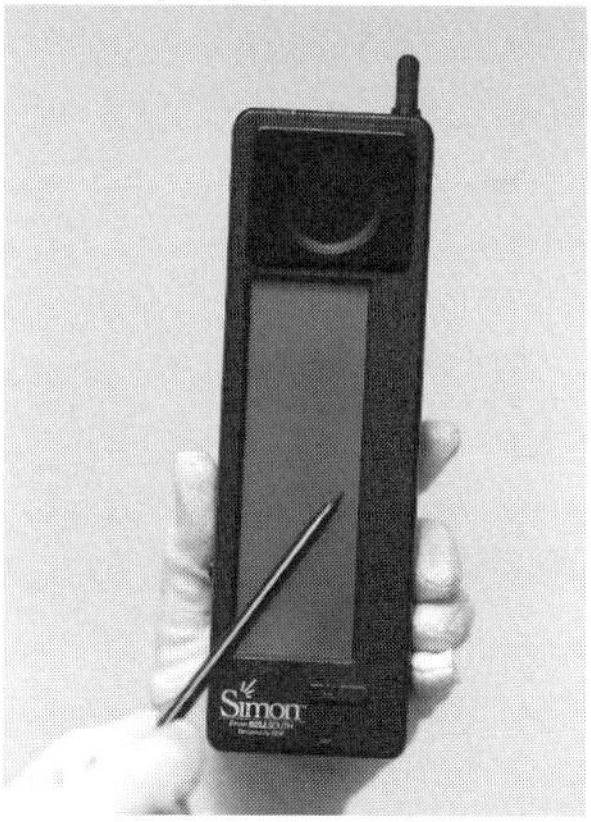

サイモン パーソナル コミュニケーター。1994年８月～1995 年２月まで販売。(AFP＝時事)

ＩＢＭが変わることも、失われた青春時代を取り戻すこともできないとすれば、そしてガースナーの次にパルミサーノが仕切り直した経営には製品の感性と正当なプロセスがなく、管理職がそのプロセス部門からも意図的に切り離されているとすれば（パルミサーノは、自分のオフィスと現場の間に幾層もの管理職を置いた）、ＩＢＭには、他にどんな手が残されているのだろうか？

何度も言うように、ＩＢＭの上層部連中は販売の人間だ。だからモノを売ることしか頭にない。

現在のＩＢＭは、新しい一〇〇億ドルビジネスのタネを血眼《ちまなこ》になって探している。彼らが売るものは、株価にインパクトを与えるようなビッグなものでなければいけない。だから小さなアイディアも、安上がりのアイディアも採用されない。なにしろ「期待市場」の真の顧客は産業界ではなく、金融業界《ウオール街》だ。ステーキと同じでジュージューと豪快な音をたてなければ旨《うま》そうに見えない。だからＩＢＭは、最低一〇億ドルの費用がかかる、総額一〇〇億ドル分のアイディアを求めている。一〇億ドルという数字なら決意の表明になるし、場合によっては世間の耳目《じもく》にも触れるかもしれないからだ。

それが現実になれば、どんなにいいだろう。

第五章

読み誤ったトヨタ生産方式

リーダーたちの頭には「販売」と「コスト削減」しかなかった

ついに最大のリストラが始まった

二〇〇七年、私はＩＢＭグローバル・サービスの経営に警鐘《けいしょう》を鳴らし、当時ＣＥＯだったサム・パルミサーノ以下、経営陣がいかに現実を見失っているか指摘した。彼らは利益を見込めないほど低い入札額で契約を取りつけながら、利益をひねり出そうとして無理な経営に走り、たびたび顧客に不利益を与えていた。私が書いた一連のコラムとＩＢＭ上層部の対応によって、数々の不手際の経緯が明らかになった。

当時、ＩＢＭは業績が悪化していた。

これについては、ビッグブルーにいた多くの知人たちが証言している。彼らは、ガースナーＣＥＯ時代以来最大のリストラが始まることを覚悟していたが、今回の同社のやり方は道理からことごとく外れていた。

ＩＢＭはＬＥＡＮ《リーン》という再編プロジェクトを始動し、その第一歩として、二〇〇七年五月初旬にグローバル・サービスセンターの一三〇〇人を解雇した。しかし、マスコミにはほとんど取り上げられていない。三五万人以上の社員を擁《よう》する大企業が、一三〇〇人のクビを切ったところで何ということはない。マスコミの関心が薄くても当然だ。ところが、ＩＢＭはこれを皮切りに「リソース・アクション」と称する数万人規模の人員整理を目論《もくろ》み、どこかのレポーター（つまり私のこと）がその実態に気づくまで小出しに実行した。そしてこの目論みがばれると、年が変わるまでの短期間に集団解雇を繰り返したのだ。

誰を解雇するかはあらかじめ決まっていたと言われている。だが、それを当人の耳に入れないよう、シニアマネジャーには箝口令《かんこうれい》が敷かれていた。私は当時、IBMグローバル・サービスの社員に対し、自分の名前が解雇リストに挙がっていないか上司に直接訊《き》いてみるよう提案した。訊けば上司を困らせることになるが、でも、もしかすると「瓢箪《ひょうたん》から駒《こま》」が飛び出て事態が好転するかもしれない、と思ったからだ。

似《に》て非《ひ》なる二つのリーン

IBMのLEANプロジェクトは、**トヨタ生産方式（TPS）の特徴である「リーン」というプログラム**（IBMのLEANとは異なる）を土台にするはずだった。このプログラムは、ヘンリー・フォードの大量生産メソッドへの対抗策として編み出されたものだ。MITの研究者たちがトヨタの成功の理由を調査してTPSの存在を突き止め、「リーン生産方式」と銘打《めいう》って世界に発信した。リーンは、ビジネスのほぼあらゆる側面に活用できるトヨタ独自の手法で、製造工程のムダの削減によって継続的な品質向上を実現することを目的とした。プロセス大好き集団のＩＢＭは、当然、これに着目した。

この手法がサービス事業のみならず、ソフトウェア開発にも有効だと信じるに足る十分な根拠もあった。だが、これまで我流《がりゅう》を突き進んできたＩＢＭは、このリーンに対する解釈をもねじ曲げてしまった。彼らは、**自分たちの都合に合わせた、似《に》て非《ひ》なるシステムを作り出した**のだ。

ＩＢＭは当初、この社内プログラムを「ＬＥＡＮ」と大文字表記していたが、どうやらそれは、何かの頭文字を並べたものではなかったらしい。後に「Ｌｅａｎ」へ変更したが、それはおそらく、トヨタをさらに意識してのことだろう。しかし、却《かえ》って両社のリーンに対する解釈の違いが浮き彫りになった。

ＭＩＴのジェームズ・ウォマック、ダニエル・ルース、ダニエル・ジョーンズの三人は、共著の『リーン生産方式が、世界の自動車産業をこう変える。』（沢田博訳　経済界）の中で、トヨタのリーン生産方式を次の五原則に要約している。

> 1. 顧客が求める価値を定義し、明示する。

2．各製品の価値の流れを特定し、顧客にその価値を提供するまでのムダな工程（たいてい現行の九割）を省く。
3．付加価値のある残りの工程を通して、製品の流れを連続させる。
4．全工程間にプル方式を導入し、連続した流れを可能にする（「プル」とは、作業を過不足なく進めるための、工程間のスムーズな情報伝達のこと）。
5．顧客の価値の創造に全力を尽くす。その結果として、製造工程の数と、顧客サービスに必要な時間・情報量が継続的に削減される。

「社員を大量解雇する」とはどこにも書かれていない。「ＩＢＭがしていることは、本来のリーンとはまったくの別物である」。そう語るのは、医療やＩＴ関連のサービス業界にリーン方式の導入を提唱しているマーク・グラバンだ。

「大企業はえてして、より有能な社員を求めるものだが、トヨタのリーンは、社員を誰一人として排除しないと経営陣が誓《ちか》うことから始まった。配置転換をすることはあっても、絶対に解雇はしないと決めたのだ」

社員などいくらでも取り替えがきく

ＩＢＭは幹部をリーンの研修プログラムに参加させ、後に自社でも研修会を実施したが、どうやらアーモンク本社の上層部が採択したテキストは、「リーンは社員解雇の格好《かっこう》の口実になる」と書かれた拡大解釈版だったらしい。実際にＩＢＭ主催のあるタウンホール・ミーティングで、副社長がＬＥＡＮを「国内社員を削減するための婉曲《えんきょく》的な試み」と呼んだ。まさにその通りである。

ＩＢＭのＬＥＡＮは、**オフショアリングとアウトソーシングを創業以来の最も速いスピードで推進する**ことだった。ビッグブルーはインドと中国での業務をどんどん増やし、聞いた話によれば、最終的には外国人の雇用数に合わせて国内の社員を解雇する計画だったらしい。この大掛かりな計画は、少なくともグローバル・サービスの国内社員の半数を追い出すまで、続けられることになっていた。ＬＥＡＮ関連のミーティングはすべて、海外委託が可能な通常の反復業務と、グローバル・サービスにそぐわない業務の特定に特化していた。本質とは無関係な業務を取り除けば、残りを海外委託しやすいだろうと考えたからだ。

ＩＢＭはこれをすべて二〇〇七年末までに完了させ、その時点で社内の年金制度を凍結するつもりだった。

対するトヨタのリーンでは、効率向上と製品改善に貢献できそうな箇所《かしょ》を特定するために、労働者と経営陣の間に活発なフィードバックループが形成されている。**ＩＢＭのＬＥＡＮシステムにはこうしたフィードバックループは存在せず、トップは人員削減ばかり求め、現場の人間はおろか、各部署の責任者の意見すら吸い上げなかった。**こうした手法がＩＢＭで罷《まか》り通った理由は二つある。

> 1．この手法は効率が良かったから（それに私情を挟まずに済む）。
>
> 2．社員はいくらでも取り替えがきく存在なので、取り替えたことで効率が下がることはない、と考える風潮が上層部内にあったから。実際に、インドやアルゼンチンのプログラマーは、アメリカ人プログラマーと比べて能力的に何ら遜色《そんしょく》がなかった。

つまり、ＬＥＡＮは業務の改善にはまるで関係がなく、その**真の目的は株価を上げることだった**のだ。ＩＢＭは、少なくとも一〇万人のクビを切って確定給付年金制度という長期的な障害を排除すれば、自社株が上昇すると見込んでいた。これは、いかにもウォール街が舌舐《したな》めずりしそうな話だ。パルミサーノ率いる経営陣が、みすみす資産を手放すことになるのだから。

加速する死のスパイラル

それからまもなく、ＩＢＭにいる私の情報源たちは、この会社は破綻《はたん》するだろうと予測した。この計画は大きな災《わざわ》いの種になる——ＬＥＡＮの実態を知る社員は、こぞってそう予想していたという。サービスが低下し、顧客の負担が増加することは目に見えている。このプロジェクトを推進する立場の幹部たちでさえ、これで会社は社員と顧客の両方の信頼を失うだろうと確信した。それにもかかわらず、経営陣はＬＥＡＮを断行する。つまり、彼らにとって重要なのは、もはやウォール街の反応だけだったわけだ。

社員の大量解雇は何度も繰り返されるだろうと、みんな薄々感づいていた。前例があるからだ。ガースナーＣＥＯ時代、ＩＢＭは解雇した社員の一部を以前の七五パーセントの給与で「契約社員」として再雇用し、福利厚生がない分、コストの半分を浮かせることに成功した。残業があれば給与にそれなりの額を上乗せしたが、それもほんの一時だった。

当時のビジネス理論に照らせば、ＩＢＭにそれほど落ち度があるようには見えないかもしれない。多国籍企業が業務を海外に外注して、何の不都合があるだろう。見方によっては、立派な経営手法に映るだろう。グローバル・サービスは太り過ぎの役立たずだったから、とにかく何か手を打つ必要はあった。実は会社は、さまざまな選択肢を挙げ（そして引っ込め）、競売にかけることまで考えたのだ。

ＬＥＡＮプロジェクトを始動し、オフショアリングを実行したものの、なにしろこれほどの規模だ。伝達・運搬のトラブルが頻発し、顧客との関係はさらに悪化した。並行して社内の年金制度を凍結しなければ、数年間はコスト削減が実現できなかっただろう。

しかし、こうしたやり方は「卑劣」としか言いようがない。

特に腹だたしいのは、ちょうどその時期に（ＩＢＭを含む）多くのテクノロジー企業が技術労働者不足に不満の声を上げ、外国人労働者獲得のためにＨ‐１Ｂと就労ビザの拡張提案を正当化していたことだ（Ｈ‐１Ｂは、アメリカ国内で一時的に専門職に就く外国人労働者に必要な非移民就労ビザ）。

解雇されたＩＢＭの国内エンジニアたちに、どこか悪いところがあったのだろうか？　彼らでは物足りないというのだろうか？　いや、そんなはずは絶対にない。彼らはＩＢＭ

に雇われ、長年そこで働いていたのだから。

こうした外国人労働者を求める動きは、技術労働者不足が原因ではない。企業側は安く使える技術労働者が欲しいのだ。しかしグローバル・サービスのように、年齢差別とも言えるこの行為によって技術スタッフの半分が解雇されることになれば、企業に古くからある知恵やデータや情報の大半を失うことになってしまう。

一番問題なのは、当時、私が話をした社員たちはみな、こんなことをしても会社のためにならないとわかっていたことだ。会社がやっていることは死のスパイラルを加速させる暴挙だ、と彼らは思っていた。トヨタのリーン生産方式の五原則の一つ、「顧客が求める価値を定義し、明示する」は、一度も考慮されたことがなく、「顧客の価値の創造に全力を尽くす。その結果として、製造工程の数と、顧客サービスに必要な時間・情報の量が継続的に削減される」も実現しなかった。それどころか、事態はますます悪化した。今後、顧客サービスが著しく低下し、それによって会社がダメージを被《こうむ》ることは明白だった。

一つのブログ記事が巨大企業を揺るがした

二〇〇七年の五月、私がＩＢＭで計画されている大量解雇をスクープし、正気《しょうき》を失った企業の行為だと非難すると、大きな反響があった。手元に届いた読者コメントは一一一七件。これまでの記録を更新した。ＩＢＭがどう言い訳しようと、そのコメントから社員たちの悲鳴が聞こえてくる。ＩＢＭは、一企業としてのみならず、組織としても非常に深刻な状況だった。

しかし、ＩＢＭは内部の人間に対し、こうした状況を全面的に否定している。その一例として、ＩＢＭが国内社員全員に送ったメッセージを紹介しよう。

０５／１０／２００７　０３：５７ＰＭ
Ｆｒｏｍ：ＩＴＤ　ＣＯＭＭ／Ｓｏｍｅｒｓ／ＩＢＭ
Ｓｕｂｊｅｃｔ：大量レイオフの噂《うわさ》について
アメリカ大陸グローバル・テクノロジー・サービス事業部、ゼネラルマネジャー、パトリック・ケリン
アメリカ大陸ＩＴデリバリー事業部、ゼネラルマネジャー、ジョアン・コリンズ＝スミー
ＩＴデリバリー事業部・生産性向上推進課、ゼネラルマネジャー、パット・クローニ

ン

表題の件については、多くのお問い合わせを頂戴《ちょうだい》しております。すべての噂に対応すれば、お客様に価値をお届けするという我が社の重要な業務に支障が出るでしょう。

しかしながら、最近、外部のブログに掲載されたＩＢＭの大量解雇計画の記事により、不必要な動きが生じています。担当部署で動揺が見られる場合は、各自、この資料をチームやビジネスリーダーに提示し、くだんのブログの内容は悪質な誇張表現に基づく不確実な情報であることをお伝えください。

ブログが示している解雇者数は、我が社の現在の国内社員数を超えています。現在のＩＢＭの国内正社員数は一三万人弱です。この数字は事業売却・買収と、新規雇用への継続的な投資により、数年来、安定傾向にあります。

第１・四半期決済を公表した際、国内の戦略的アウトソーシング事業におけるコスト対策の導入についてお知らせしました。この取り組みの一環として、先般、国内において集中的な人員整理を実施いたしました。対象者の方々にはご苦労をおかけしましたが、これは、現社員の皆様のご努力に報いるための適切な行為です。

ブログでは、我が社のＬｅａｎに対する取り組みも完全に誤って解釈されています。Ｌｅａｎを十分に理解するには、重要な戦略的背景（サービス・デリバリー部門を立て直し、今以上にお客様に価値を提供すると同時に、ＩＢＭの競争力を高める）を考慮しなくてはなりません。我が社が実践しているＬｅａｎは、プロセスの設計と開発を指揮し、十分な情報に基づいてプロセス改善と効率化の手段を策定するための一般的な手法です。我が社は、規律ある厳密な方法でこれに取り組む所存《しょぞん》です。また、その目的は従来通り、迅速性《じんそく》・品質・顧客対応の改善であることを明言いたします。


だが、私のもとにはＩＢＭから何の一言もない。

火消しに躍起《やっき》になる会社の様子と増え続ける読者コメントの数から、私が見積もった解雇者の数が実数からそう外れていないことを確信した。

「あなたは正義の味方です」。そう言ってくれた人は、現役のＩＢＭ社員だ。「あなたの糾《きゅう》弾《だん》で、会社側は計画していた大改革の存在を否定せざるを得なくなり、おかげでいっぺんに行なわれるはずだった改革が数年かけて段階的に実施されることになりました。一人のブロガーがこれほど大きな影響を与えられるとは、彼らは思ってもみなかったでしょう」。

ＩＢＭのある販売員は、しょんぼりとこう言った。「やってくれたねえ」。

私がタイプ打ちで生活費を稼いでいると思っているうちの子供たちに、この言葉を聞かせてやりたい。

LEANプログラム導入の背景

ここまで紹介してきた当時の状況をまとめてみよう。ＩＢＭのＬＥＡＮは、世界規模で実施される不可解なプログラムだった。そこには海外部署も例外ではない「労働力の再編」も含まれていた。その目的は、利益性を重視した暗黙の目標達成だ。一九九九年以降、三七パーセント下がったＩＢＭの時価総額の回復も、その目標の一つだった。つまり「再編」とは、部署ごとの社員の解雇と雇用を意味していた。

ＩＢＭは紛《まぎ》れもなく、昔も今も多国籍企業である。だからＬＥＡＮのようなプログラムは当然、海外業務にも導入される。ＩＢＭのＬＥＡＮの実態が外国人労働者の雇用である以上、それは避けて通れない。したがってＩＢＭグローバル・サービスの販売以外の部署は、国内に限らず、コスト構造が国内より高くつくヨーロッパやアジア各地などの諸外国でも危険に晒《さら》されていた。さらに国内の経済疲弊《ひへい》、そして中国とインドの経済成長も併《あわ》せて考えれば、ヨーロッパと日本で深刻な雇用不足を招きかねなかった。

二〇〇七年当時、労働界では二つの現象が起きていた。ある特定の国々における技術労働者の低コスト化と、全般的なドル安だ。聞いた話によると、ＩＢＭの利益は向上していたそうだが、通貨変動を斟酌《しんしゃく》すれば、上向きになった財政状態（ここはあくまで「利益」と言うべきかもしれない）の大半はドル安によるものだった可能性がある。経営が良好だったわけではない。**ヨーロッパや日本で得た利益をアメリカでドルに換え、実際よりはるかに大きな数字に見せかけていた**のだ。

通貨変動を利用してウォール街に媚《こび》を売るとは、なんて非常識な企業だろう。ＬＥＡＮという非常識な発想が生まれるのも無理はない。しかし、このドル安によってヨーロッパと日本のＩＢＭは救われたものの、アメリカのＩＢＭはダメージを負った。本国のグローバル・サービスの財務実績は下降の一途をたどっていた。

二〇〇七年以前の数年間、ＩＢＭのアウトソーシング事業は下り坂だった。損失はコストの削減で一部補塡《ほてん》できたが、このコスト削減には、顧客離れを加速させるマイナス効果があった。するとＩＢＭはそれを補うために、二〇〇〇年代前半に「オンデマンド」サービス（ユーティリティモデルのコンピューティングサービス）をスタートさせる。しかし、この「オンデマンド」は思ったほどの成果が出ず、姿を消したサービス事業の代わりにはなれなかった。そうなると代替案《だいたい》が必要だ。そこで登場したのが、「ＬＥＡＮ」である。

一刻も早く財務成績を改善させたかった経営陣は、会社の現状を調査し、おそらくダウンサイジングとリストラの数値目標をひねり出したにちがいない。そしてその目標に速く到達する手段として、ＬＥＡＮをスタートさせたのだ。

ＩＢＭにとって、コスト削減と利益性改善のためには、一部業務のオフショアリングしかもう他に道はなかった。だが、あいにくオフショアリングは実際にやってみるとさほど効果はなく、国内業務より機能性が高いとは言えない。この事実を、ＩＢＭも他の多くの企業も見逃している。

この会社にはいったい社員は何人いるのか

ＩＢＭは二〇〇七年五月のプレスリリース（リストラ計画を暴露《ばくろ》した私のブログ記事に対する苦しい言い訳）で、国内の社員数は一三万人弱だと主張した。では、コラムで解雇対象者を数万人と指摘した私は、どこからその数字を導き出したのか。実は、これはＩＢＭ

の内部関係者たちからの情報によるものだ。この数には国内の契約社員も含まれているという。契約社員を含めれば、当然、ＩＢＭの社員数はプレスリリースより大幅に増加することになる。つまり、プレスリリースには、良く言えば「語弊《ごへい》があった」のだ。それなのに彼らはいけしゃあしゃあと、私のコラムが間違っているなどと言う。いまだ自分たちが正義だと信じていたにちがいない。

でも、本当に彼らが正義なのだろうか？

もしそうなら、なぜ、本当のことを話す代わりに、二〇〇七年後半に口を閉ざしてしまったのか？　国内社員の解雇や人員整理に関するプレスリリースは、ぱたりと配信されなくなった。人員削減をやめたからではない。それを話題にすることを避けるようになっただけだ。さらには、国別をはじめとする社員数を一切公表しなくなった。

これで良かったのかもしれなかった。正直言って、自分としては二度とこのテーマを取り上げたくなかったからだ。このテーマは重すぎた。だが二〇〇七年の終わり頃、記事の更新を求める声が数多く寄せられた。コラムの読者は半々に分かれていたようだ。すなわち、「コラムの内容は全部、間違いでした」と私に認めさせたがっている男性たちと（全員男性だった）、次の大量解雇をハラハラしながら待っている男性たちだ。意見はまっぷたつに割れてはいたが、皮肉にも、その多くがＩＢＭの社員だと名乗った。しかも意外なことに、内部の情報を語るのはこれが初めて、という人たちばかりだった。

おかげでＩＢＭを見直す機会を得たが、やはり私の目に映ったのは、無様《ぶざま》な一企業の姿だった。事態は悪化こそすれ、改善などされていない。私が予測した大量解雇も実行間近だった。

その年、ＩＢＭはアルゼンチン、ブラジル、中国、インドにおける業務を異常なほど増やしていた。どの国も、低コスト・低賃金で済むからだ。会社側によれば、二〇〇七年にインドだけで二万人を臨時採用し、インド人社員の数は七万三〇〇〇人に達したという。二〇一三年末までの採用者は一〇万人以上。結果的に、国内正社員の総数を上回る。

しかし、二〇〇七年当時のＩＢＭが、国内社員数や全国の総社員数をきちんと把握《はあく》していたとは思えない。国内の社員数でさえ定《さだ》かでない会社が、インドの社員数をどうやって把握できるというのだろう。それから数カ月後に公表された二〇〇七年の年次報告書に、世界各国の総社員数「四二万六九〇〇人」という数字がようやく示された。

ＩＴ労働者は就職難

二〇〇七年に社員たちがこれだけの恨《うら》みを募《つの》らせたのは、会社のコスト削減のために自分たちが捨て駒《ごま》として扱われたからだ。解雇より自主退職のほうが当然、安上がりである。解雇には解雇手当や再雇用、再就職支援が必要だが、自主退職ならＩＤバッジを回収して、退職者を見送るだけでいい。情報筋によれば、二〇〇七年の自主退職者は解雇者より多く、しかも、その退職理由は曖昧《あいまい》らしい。労働条件が悪化したうえに福利厚生は質が低下し、おそらく多くの社員には恩恵がなかった。たとえば、ＩＢＭの確定給付年金制度は、二〇〇七年六月に個人運用型の確定拠出年金制度に変更されている。

退職者医療給付もないがしろにされた。同年に改正されたが、会社側はこの重要な事実を一切公表していない。その年の退職者は、条件によって、会社の退職者制度を利用するより民間の健康保険に加入した方が安上がりなことを知って驚いた。もはや福利厚生とは名ばかりだった。ちなみに、この新制度はそれ以前の退職者には適用されていない。適用されていれば、古き良き時代のＩＢＭを知る何万人もの退職者たちから怒号《どごう》が飛んだだろう。

ＩＢＭは、何万人もの国内社員を追い出していながら、世間の注目を免《まぬが》れていた。解雇された社員の大半が経験豊かなＩＴ労働者たちだったので、きっと好条件の再就職先が見つかったのだろうと思われていた。しかし実際は、大不況とＨ‐１Ｂのビザ政策のせいで、彼らの再就職は難航した。首尾《しゅび》よく再就職できたとしても、賃金は恐ろしく低かった。アメリカではＩＴ労働者が余っていたうえに、Ｈ‐１Ｂが彼らに追い打ちをかけたのだ。

経済が綻《ほころ》びを見せ始めた選挙の年に、政治家たちがじっくり時間をかけて理解さえしてくれていれば、この問題が大きな争点になっていたはずだ。これは、ＩＢＭだけに限った問題ではなかった。Ｈ‐１Ｂは現在、主に人件費節約のためにＩＴ業界で広く悪用されている。それは、「授権法《じゅけんほう》」（＊編注：議会が他の国家機関に対して立法権の一部を委任することを定める法律）と、移民改革案を巡《めぐ》る現行の政治的プロパガンダの両方に示された本来の目的に反することだ。産業界が何を言おうが、ＩＴ労働者がアメリカ国内で不足していることは断じてない。

結局、顧客がすべてのツケを払わされる

ＩＢＭは、昔から経営手法が悪い企業の典型だ。**リーダーたちの頭には、「販売」と**

「コスト削減」、この二つしかないらしい。彼らは販売チームを煽《あお》りながら、同時にその上《うわ》前《まえ》を撥《は》ねていた。つまり、人も物もすべてないがしろにしていたのだ。

ＩＢＭが理解していなかったこと――それは経営方法だ。**収益は会社の全部署から上げるべきだった。**リーダーたちはその取り組みを指揮し、推進すべきだった。すべての事業ラインを常に監視し、短期的成功と長期的成功の実現を目指して調整すべきだった。

だが、ＩＢＭは実際にそれらを何ひとつしていない。上層部がすべての意思決定を下し、権限の委譲《いじょう》は一切ない。ほったらかしにされた事業部門は、長年もがき苦しんでいた。資金のやり繰りがうまくいかなくなれば上から手厚く支援してもらえたが、残念ながらそれは間違った支援だった。

気の毒なことに、ヨーロッパ、アジア、南アメリカのＩＢＭ社員の多くが、会社の未来を担うのは自分たちだと考えていた。アメリカ国内の大規模な人員削減は、自分たちのほうが優秀な証拠だと思っていたのだ。だが、実際は違う。彼らの方が単に「安上がり」だったからだ。ＩＢＭの経営陣も彼らの声には耳を傾けようとしなかった。そして結局、この会社の経費や社員の給与のツケを払うのは顧客だった。ＩＢＭでもウォール街でもない。

ビジネスとは、顧客をハッピーにすることだ。どうやらアーモンクの連中は、この秘訣《ひけつ》を忘れてしまったらしい。いつ思い出すのだろう？　二〇〇八年の幕が開けてもまだ、彼らは思い出さなかった。

「サバイバー」が会社に突きつけた三行半《みくだりはん》

ＩＢＭの「サバイバー」とは、解雇されずに済んだ技術者たちのことだ。人員整理の理由が財政問題だけなら、誰もが平等に解雇の危機に晒《さら》されたのだろうか？　とんでもない。二〇〇七年五月、ＩＢＭ社内で私が話しかけた社員のほとんどが、失業した経験も、失業の危機に晒された経験もなかった。コメントをもらうのにふさわしい社員を見つけようとしたが、私の前に現われるのは、新しいシステム業務の担当者ばかり。「敵《IBM》もさるもの」だ。巻き添え被害《コラテラル・ダメージ》が最小限で済むやり方でＬＥＡＮに取り組んだ結果、大きな戦力となる社員への負担が増えた。この優秀な社員たちがもし、その負担にあえいでいるとしたら、まさに今こそ窮状を訴えるチャンスだ。

だが、誰も私に泣きついてこない。不愉快《ふゆかい》そうにはしていたが。窮状を訴えることが嫌なのだろう。彼らはみんな、誰もが褒《ほ》め、お手本にしたいと思うような、いわゆる「優等生」たちだからだ。そう考えれば、彼らが現状に甘んじていたことにも説明がつく。

それでもＩＢＭに「三下半《みくだりはん》」を突きつけた社員はいた。彼の言葉を紹介しよう。

「不幸なことに、ＩＢＭは販売の人間と、サービス事業部にいながら販売員の意識を持つプロジェクトマネジャーたちによって運営されています。技術畑のリーダーはひとりもいないし、技術革新も、顧客ニーズに対する正しい理解も、まるでありません。アーキテクチャ分野は機能不全で、修正不可能な状態です。状況は変わるかもしれませんが、短期間では無理ですね。やっと変わったとしても、そのときにはもう手遅れでしょう。私も手をこまねいて待っているわけにもいきませんから」

そのとき、たまたま通りかかった社員はこんな話をしてくれた。

「会社はコスト削減の一環として、時給を若干引き下げました。おかげで、契約社員はそれを補うために勤務時間を増やさなければなりません。一部の人間は（私自身も含め）年間、二〇八〇時間働いても、以前の九三・五パーセントしかもらえません。だから長期休暇や一日二日の病欠以外は、休みを取れない有様《ありさま》です。契約社員への研修もなくなり、私たちは見よう見まねで仕事を覚えています。こんな状況だから、プロジェクト業務のクオリティがぐんと下がってしまうのです。

そのうえ、時給アップの要求は、倫理的に問題のある行動だと片づけられてしまいます。各四半期末の四週間前から電子メールが届き、今よりどれくらい働けるか訊かれます。『顧客満足度を向上させ、納期に間に合わせるために』という文言《もんごん》も必ずついてきますが、そこには『もう一、二時間、勤務時間を延長してくれ』という言外の意味が含まれているのです。勤務時間を確保できないと目標達成が難しくなり、目標が達成できないと年に一度のボーナス（「変動報酬」と言います）にも響きます。

ＩＢＭに見切りをつけた社員は大勢います。だから今、会社は人材獲得に必死です。プロジェクトに影響が出ますからね。それで、手が空《あ》いている人間を（スキルレベルに関係なく）かたっぱしから投入し、さらに製品やサービスの質の低下を招いています。手当を下げて利用率を上げようとするやり方は、プライスウォーターハウスクーパース（＊訳注：世界最大級のコンサルティングファーム）でも多くの転職者を出しましたよね。つまり、ＩＢＭは四半期ごとの結果を上げ続けるために、グローバル・サービスの長期的な成功を犠牲にしているわけです」

不手際の連鎖が止まらない

パルミサーノ時代にいかに問題が起きていたか、一目瞭然だ。それを継承するロメッティはこのままの方向性を維持し続けるのだろうか。

2000
2001
2002

- 2003年　社内年金制度の改正をめぐり、社員が提訴
- 2003年　**サム・パルミサーノ**がＣＥＯに就任
- 2004年　インドに最初の大規模なサポートセンターを開設。業務の海外移転により、10万人以上の国内社員が失職

2005
2006

- 2007年　サービス残業の強要をめぐり、社員が提訴
- 2008年　減税対策のために、製品販売事業を海外に移転
- 2008年　社員の年金受給をストップ
- 2008年　サービス残業訴訟の原告社員に対し、報復措置として賃金の15％をカットし、超過勤務を制限
- 2008年　海外に「配送センター」を開設。業務の海外移転に伴い、国内社員の大量解雇が加速化
- 2009年　年齢差別に関する裁判で社員側が勝訴
- 2010年　提携企業がＩＢＭを不正行為で告発
- 2010年　サム・パルミサーノが**2015年までのロードマップ**を公表

2011

- 2012年　年末手当に相当する確定拠出年金制度を改正。それに伴い、年内の解雇対象者の年末手当を廃止
- 2012年　**バージニア・ロメッティ**がＣＥＯに就任
- 2013年　退職者医療給付制度を廃止し、外部業者に委託
- 2013年「優秀な」社員がボーナスの一部未払いをめぐり提訴
- 2013年　Ｈ－１Ｂの実践と国内労働者に対する差別をめぐり、司法省と和解
- 2014年　財務成績の不調を受けて、ＣＦＯが収益改善を目的とした「ワークフォース・リバランス（人員の再調整）」を明言。社員の大量解雇が開始される
- **2015年　一株当たりの利益（ＥＰＳ）20ドルを目標に掲げるが……**

第六章

二〇二五年に向けた「死の行進」

すべてはコスト削減のため――自滅行為は繰り返される

コスト削減のための海外委託で会社はどうなったか

二〇一五年までにEPSを二〇ドルに上げるというIBMの計画について、私は二〇一二年四月に再びブログで言及した。この離れ業《わざ》を成就《じょうじゅ》させるには、IBMはまずその時期までに、国内社員の最大七八パーセントを解雇しなければならないはずだ(IBMは海外を含めた社員総数を二〇一三年には四三万四〇〇〇人、二〇一二年には四三万五〇〇〇人と発表している。しかし、アメリカ国内の社員数については、今も明らかにしていない)。

この計画をまだ続行していることが、私には不思議でならなかった。このままだと、二〇一五年には国内社員がいなくなってしまう。経営陣と販売部門は残るだろう。それから移民法に縛《しば》られている労働者たちも。しかし、それ以外は全員、姿を消してしまう——一人残らず。

産業と企業は必要に迫られて、あるいは自ら望んで変わり続ける。大企業も小企業も、市場と文化の現状を受け入れ、変化し続けるそれらの報酬体系に適応しなければならない。つまり、自らを変えれば新たな機会に対応できるのだ。しかし、IBMにはそれができなかった。なぜなら、過去の栄光を手放せなかったからだ。そしてIBMの経営幹部もウォール街も、会社が直面している危機に少しも気づかなかったからである。

ＩＢＭは、熟練《じゅくれん》労働者一人分の仕事をスキル不足の労働者二、三人にやらせた方がコスト削減になると考えていたようだ。しかし、これではまるで、ひと月で出産するために女性を九人雇うようなものである。小話としては面白いが、現実的ではない。たとえば、インド人スタッフの言葉の壁は厚い。「トラブルシューティング」は、かつては電話で個別対応していたが、チームの会話力があまりに低いので、今ではインターネットのインスタントメッセージに切り替えられている。しかも経験豊かなスタッフなら数分で解決できたトラブルが、今では大人数で数時間かかってしまう。だから顧客が腹を立てたり、不安になったりするんだ、とベテラン社員たちは言う。

「この低コスト、経験不問のグローバルリソーシング戦略は、サービス部門に限った話ではありません」。勤続三〇年の社員から、こんなメッセージが寄せられた。「製品開発、メンテナンス、サポート部門も影響を被り、その結果、売れない粗悪《そあく》品を生産したり、アメリカやイギリス、カナダ、日本、ドイツなどの超先進国のベテラン社員による手直しが必要になったりしています。

さらに、販売、注文、発送、支払い、サービスといった顧客と直接関わるプロセス全般にも実際に打撃を与えています。製品と顧客に関わる重要な業務が、文字通り一切合財《いっさいがっさい》、コスト削減のために大急ぎで海外委託されているのです。

私は毎日、その功罪《こうざい》を目《ま》の当たりにしています。離れていった顧客もいれば、腹を立てて訴訟を起こすと脅《おど》したり、実際に訴訟を起こしたりする顧客もいます。こんな人材ではまともな仕事など望めませんが、それでも会社はどんどん仕事を与えます。連中がどんなに役立たずでも、上はまったくおかまいなし。彼らが気にするのは数字だけ。例の二〇一五年の利益目標と自分たちのボーナスのことだけなのです。

二〇一五年までのロードマップを、私たちはこう名付けました――『デスマーチ・二〇一五』(＊訳注：デスマーチは「死の行進」という意味。ＩＴ業界ではシステム開発現場の過酷な労働環境を表わす)」

ようやくアナリストから物言いがついた

ＩＢＭが二〇一〇年に五年計画を発表すると、当初は五ドル未満だったＥＰＳが二倍以上の一一ドルに上がり、二〇一三年には一五ドル前後になった(二〇一四年五月では一四ドル前後)。この五年間、コスト削減を理由に、業務の海外委託が急ピッチで進められてきた。その結果、離職率が高まり、製品のリリースサイクルが伸びた。これで本当にＥＰ

Sは二〇ドルまで上がるのだろうか？　たぶん、上がりはするだろう。しかし前述したように、こんなやり方を続けていたらIBMは崩壊しかねない。

一部のアナリストたちと業界紙は、IBMが自滅行為を繰り返していることにようやく気づき始めた。二〇一四年五月一四日にIBMで開かれた金融アナリストたちとの会合の中で、IBM側のEPS二〇ドル計画に対して数人のアナリストたちから物言いがついた。その理由の一つは、８・四半期連続の販売件数減少だ。あるアナリストは、年末にはIBM側から今年の目標額一八ドルに届かない「一七・八〇ドル」という修正利益が発表されるだろう、と予測した。

「製品パーツの変更にしてもIBMはのんびりしすぎです。これで業界の変化に対応して、増収・増益を達成できるのでしょうか」――投資調査会社ISIグループのアナリスト、ブライアン・マーシャルは、顧客にそう進言している。国際金融グループ、バークレイズのアナリストであるベン・レイツは、ロメッティCEOは二〇一五年の数値目標を引き下げ、クラウドコンピューティングと新製品販売への移行に重点を置くべきだと提言した。しかし、ロメッティCEOは珍しく公《おおやけ》の場に姿を現わし、二〇一五年の数値目標は変更しないことを繰り返し明言している。

私がIBMの崩壊を予想した理由を思い出してみてほしい――IBMのグローバル・サービスは会社の最大のドル箱であり、社員数も最多だ。だが契約件数は大幅な減少傾向にあり、離職率も高い。そしてこのグローバル・サービスの業務が、最も海外委託率が高い。しかし、海外スタッフはスキル不足と経験不足で、まともな仕事ができない。それによってトラブルが頻発すれば、ウォルト・ディズニー・カンパニーのような大口顧客に逃げられてしまう。

顧客に被害を与えるようなこんなやり方は、ばかげているとしか言いようがない。二〇〇七年に私がブログにIBMを取り上げたとき、この会社はLEANを名目にした社員の大量解雇によって、超効率的なビジネスマシンに生まれ変わるはずだった。しかし、そうは問屋が卸《おろ》さなかった。現在のIBMの経営陣は、二〇〇七年当時をはるかに凌《しの》ぐ多層構造だ。金銭面でも責任面でも泥をかぶらざるを得ない層がトップを孤立させ、さまざまな判断を自分たちで勝手に下している。蚊帳《かや》の外に置かれた本社最上層部は、会社の現状も知らず、すべて順風満帆《じゅんぷうまんぱん》だと思い込んでいるのだ。

会社を救おうとして進言した国内社員は、解雇リストのトップに挙げられる。経営責任などいまや名ばかり。この会社には、ヘマをしても職を失わない人間と、会社を守ろうとして職を失う人間がいる。

これではあまりに不公平ではないだろうか？

ドゥビュークで何が行なわれているのか

二〇一五年までの目標がウォール街のウケを狙って公表されると、社員たちの鼻先に人参《にんじん》がぶら下げられた。目標数値達成の貢献者は、二〇一五年末に会社の株をもらえることになったのだ。しかし、ＩＢＭが本当に褒美《ほうび》を与えるつもりだったかは怪しいところだ。なにしろ「リソース・アクション」（別名「恒常的リストラ」）を通じて有能で貴重な国内社員を次々と追い出し、ブラジル、アルゼンチン、インド、中国といった人件費の安い国々へ業務を移行していたのだから。

国内に残した業務は主に、グローバル・デリバリー・ファシリティズ（ＧＤＦｓ）と呼ばれる複数の施設に集約された。その二つはＩＢＭのお膝元《ひざもと》（ニューヨーク州ポキプシーとコロラド州ボルダー）にあり、アイオワ州ドゥビュークとミズーリ州コロンビアにも新設された。二〇一〇年、ＩＢＭはその目的について、「小さな町に雇用を創出するため」と公表したが、それは建前にすぎない。実際は、**ＧＤＦｓや海外へ業務を移行することによ**

って、国内の他の地域の社員を解雇していたのだ。

ドゥビュークとコロンビアの施設では、州と地方自治体から多額の奨励金をもらって現地コストを最小限に抑えたうえに、技術スタッフ（大半が経験不足の新規雇用者か新卒者）の給料を経験豊かな支援スタッフの何分の一かに抑えることで人件費を削った。

ドゥビュークの現状をもっと詳しく見てみよう。ここが特別な施設だからではない。IBMの縮図と言えるからだ。ここにコンピュータ・サービスセンターが開設されたとき、アイオワの住民たちは雇用の機会に大きな期待を寄せていた。しかし、このセンターで働く国内社員は、少数の管理スタッフだけだ。IBMはインドから人材を連れてきて研修を受けさせ、またインドに送り返していた。これならH‐1Bビザは必要ない。

IBMは、インド人社員の研修が終わるたびに国内社員のクビを切った。ドゥビュークの人々は町に高給取りが越してくると信じ込まされていたが、実際に町が受け入れたのは、外国からやって来た短期滞在の低賃金労働者だった。税金を支払う義務のない彼らは、地方自治体にとって透明人間も同然だった。

もっと疑問はある。まず、アイオワの住民や大卒者がどれくらい常駐スタッフとして雇われたのだろう？　そして、ドゥビューク滞在が一年未満の社員はどれくらいいたのだろう？　このドゥビュークセンター開設に投資したアイオワ州は、何らかの見返りを得ることができたのだろうか？

ＩＢＭはビッグプロジェクトを立ち上げて追加の労働者が必要になると、たいていインドから調達する。聞いた話によると、彼らの入国には入念に計画され、数日間、ときには数週間もかけて実行されるらしい。会社側は飛行機の到着空港がバラバラになるように手配し、同じ飛行機に複数人が乗り合わせないよう注意している。入国管理局や国土安全保障省の目に留まらないようにするためだ。この労働者たちは、ＦＩＣＡ税（＊訳注：連邦保険拠出法税。日本の厚生年金にあたる制度で、社会保険と医療保険の資金調達が目的）と米連邦所得税を支払っているのだろうか？　我ながら良い質問だ。なぜＩＢＭは、こそこそ動き回っているのだろう？　これらの質問に、ぜひ、答えてもらいたいものだ。

国内の何十万人ものＩＴ労働者を解雇したのだから、またアメリカ人労働者を雇い入れればいいではないか。いや、どうやら国内社員はいらないらしい。**外国人労働者と比べて人件費が高い**からだ。同じ外国人でもヨーロッパの社員は別。彼らは人件費が高いうえに、解雇するのが難しいからである。

現在、ＧＤＦｓでは多くのアメリカ人が働いている。その一部は契約社員だ。彼らは全員、給料が相場より著《いちじる》しく低い。近年のＩＢＭは人件費節約のために、契約社員を解雇や自宅待機にする一方で、正社員にハードな超過勤務を強要し、同時に手当が発生する残業を禁止し、昇給もさせず、ボーナスも支給していない。二〇〇八年の経済危機以来、就職難が続いているのをいいことに、弱い立場の社員たちをさんざん利用しているのだ。

国内社員の最大限の縮小化と利益の最大化

ＩＢＭで不満を訴えればお払い箱になるが、解雇の理由に勤務成績が挙げられることは滅多にない。会社は業務廃止に伴う措置だと言うが、実際には業務は廃止されたのではなく、低賃金の労働者たちがいる場所へ移されただけだ。

「労働者調整・再訓練予告法（ＷＡＲＮ）」という法律がある。これは一定の社員数を満たす事業者に対し、解雇や事業所閉鎖の事前予告を定めるものだ。ＩＢＭはこの法律に抵触しないよう、リストラを行使して社員数をぎりぎりに抑えている。こうしてＩＢＭは主流メディアからの批判を避け、自らを良き企業市民として売り込む一方で、週に六〇時間から七〇時間以上の勤務を社員に要求して仕事量を確保しているのだ。

会社の存続にかかわるのなら、あるいは顧客に最大限の利益を供給するためなら、こうした非情な戦略も正当化されるかもしれない。しかし、ＩＢＭの場合はこれに当てはまらない。彼らがこの戦略を選んだのは、主に役員報酬のためなのだから。一方でＩＢＭの顧客業務はますますぞんざいになりつつある。契約社員がチームを組んで対応している脆《ぜい》弱《じゃく》検査やＩＤの再発行、セキュリティソフトの導入などは常に遅れが出るか、不完全だ。本部の販売チームが考えた戦略がどんなにお粗末でも、顧客担当チームは収益目標とコスト削減目標を同時に達成しなければならず、いつも精神的に追い詰められている。各事業部門には、技術業務の何割かを国外のグローバル・リソースセンターか国内のＧＤＦｓに移転させるというノルマまで課せられている。

どうやらＩＢＭが目指すのは、**国内社員の最大限の縮小化と利益の最大化**らしい。しかし、それを目指して突き進めば、顧客満足度を損なうのは明白だ。

アムジェン（＊訳注：世界最大の独立バイオテクノロジー企業）、テキサス州、ウォルト・ディズニー・カンパニーなどの大口顧客は、二〇一二年にＩＢＭと手を切り、他社へ乗り換えた。他の顧客たちも、知覚価値（＊編注：消費者が製品に対して抱く品質や費用に対する総合的な価値判断）が下がるにつれてＩＢＭ頼みのサービス業務の規模を縮小しつつある。大枚はたいてブラジル、インド、中国からサポートしてもらうより、もっと安価なＴ

ＣＳやウィプロ、ＨＣＬ、サティヤムといったインドの大手ＩＴ企業と契約する方が得策だ、というわけだ。一時間二〇ドルで手厚いサポートが受けられるのに、一時間六〇ドルから一〇〇ドルを支払って、八ドルから一五ドル程度のサポートを受ける必要がどこにあるだろう。

新規事業は成長するか

技術業務のオフショアリングが本格的に始まると、会社は顧客担当チームに対し、顧客業務を海外委託できない理由を挙げるよう求めたが、スキルに言及することは禁じた。合理的な組織ではあり得ないことだが、ＩＢＭならあり得る。

ＩＢＭの不合理性は今に始まったことではない。ビッグブルーは以前から自分の足元が見えていない。その一例が、システム３６０の開発だ。一九六〇年代、Ｔ・Ｊ・ワトソン・ジュニアが社運を賭けたシステム３６０は大成功を収めたが、そこに至るまでに大金を費やして試作品を二度作り、結局二度ともほぼすべてをゴミ箱行きにした。ＩＢＭには過去の栄光が多々あるが、長いこと採算は取れていない。

この最後の一言に強い異議を唱える人たちがいる。高い財務成績を見れば、ＩＢＭが今、まさに絶頂期であることがわかるだろう、と彼らは言うのだ。しかし、本書をここまで読み進めれば、それが真実でないことはわかったはずだ。成功する企業はヤケクソにならない。今のＩＢＭはヤケクソそのもの。だから成功するはずがない。

ＩＢＭの経営方法を見ると、いったいこの先、どうやって会社を発展させていくつもりなのかと首を傾げたくなる。どんな手を使うにしろ、低賃金でスキル不足の外国人労働者を使っていては、新事業を成長させるという計画も頓挫《とんざ》するにちがいない。四苦八苦のグローバル・サービスを存続させても、今後の新しい成長事業に何らかの効果が与えられるとは思えない。どんどん顧客の不興を買っているところを見ると、高額の商品やサービスが売れなくなる日もそう遠くはない。

グローバル・サービスは、二三年間続いてきた成熟事業だ。二〇一五年の事業計画では、ビジネス・アナリティクス、クラウド、スマーター・コンピューティング、スマーター・プラネットなどの新規事業からの大きな収益を見込んでいる。はたしてこれらの事業が、グローバル・サービスの数十億ドルもの売上高を三年から五年で肩代わりできるほど、大成長を遂げられるのだろうか？　大半が小規模事業であり、中には「事業」と認知されていないものもある。ゼロから始めて一〇億ドル事業にまで成長させるには、特別なスキルと情熱が必要だ。IBMにそのふたつがあるとは思えない。「e-ビジネス」という言葉に聞き覚えはあるだろうか（一九九七年にIBMが創った用語で、インターネットの技術を基幹業務に活用すること）。そのシステムのひとつである「オンデマンド」は、前述した通り、大企業向けのユーティリティ・コンピューティングサービスだ。これもまた数十億ドルの売上が期待されていた事業だが、今はもうその候補から脱落している。スーパーコンピュータ「ブルー・ジーン」も同様だ。

「金を産む牛」から搾《しぼ》り取れ！

新しいソフトウェアとインターネットサービスに関して言えば、IBMのライバルはアマゾン、アップル、デル、グーグル、ヒューレット・パッカード、オラクルなど数多い。今のIBMに、これらの会社に対抗できる持ち前の強みがあるだろうか？　答えは「ノー」だ。では、自分たちが一番だと胸を張って言えるものがひとつでもあるだろうか？これも「ノー」。

今のIBMは競合企業と比べて、賢くも、豊かでも、機敏《きびん》でもなければ、団結力もない。強みは他にあると彼らは言いたがるだろうが、こうした要件を満たせない企業に、他に何の強みがあるだろう。

当然のことながら、ＩＢＭは今も利益性の高い企業を買収して自分たちのプロセスを押しつけ、コストを削減し、顧客が離れていくまで利益を絞《しぼ》り尽くしている。そして顧客が離れたら、次の会社を買収する。これもひとつの生き残り戦略だが、このやり方では真の大企業にはなれない。

私が思うに、ＩＢＭのサービス事業の利益は、コストカットで繁栄を築こうとしているかぎり、減少し続けるだろう。収益を上げ、高品質の製品やサービスを提供する道が見つからなければ、サービス事業をすべて売却する破目《はめ》になる。会社の格付けに必要なＥＰＳと人員整理は、会社の本質をまるごと変えなければ達成できない。そしてＩＢＭは今、以前とは違う会社に変貌《へんぼう》しつつある。二〇年前に会社を救ったガースナーのサービス事業は、いずれ国内企業と海外企業へ切り売りされることになるだろう。

グローバル・サービスの買い手はインドの一社か複数の企業、政府がらみの事業の買い手は国内の競合企業あたりか。そしてＩＢＭは、提携企業が提供するハードウェアとアプリケーションの販売に主軸を移し、「サービス品質保証制度（ＳＬＡ）」に伴うペナルティについてはその提携企業に責任を押しつけるだろう。つまり、これは「底辺への競争」であり、勝てる見込みがあるのはIBM幹部だけだ。顧客も社員も株主も、みんな最後には敗者となる。

だが、一部の読者たちはきっと、「これはサービス事業部だけの話であって、本来のIBMの姿ではない」と言うだろう。

本来のIBMなんてない――もうどこにも存在しないのだ。

「この会社は『金を産む牛』だ。エサをやる必要はない。死ぬまで金を搾《しぼ》り取ろう」――IBMは買収した企業や提携企業をそういう目で見ている。

個人の尊重もへったくれもない。

かつてのフォード社と同じ過ちを犯す

話を先に進める前に、SLAのペナルティについて説明しておこう。これには市場で誤解されやすい側面があるからだ。一〇年以上前、多くのひらめきが各企業に変革をもたらしていた頃、IBMでは、許可を請《こ》うより許しを請うほうが都合がいいのではないか、というひらめきが生まれた。そして次の正反対のシナリオを前にして、どちらが得策か頭をひねった。

1．サービス契約をとことん守る。
2．ペナルティ覚悟でサービス契約（一定の稼働率と一定時間枠内の修理の保証）を無視し、修理・保全の費用を節約する。

ＩＢＭは料金分の仕事を全《まっと》うするより、**ペナルティを支払っても修理・保全の費用を浮かした方が利益は（断然）上がる**と判断した。

つまり、かつてのフォード社と同じ選択をしたわけだ。フォードには、欠陥があった「ピント」のガソリンタンクを回収・修理するより事故の賠償金を支払った方が安上がりだと判断して欠陥を放置し、顧客数名を死に至らしめた過去がある。ＩＢＭも同様に、顧客を裏切ることにした。実際のところ、ペナルティが発生するような事案かどうかは素人では判断しにくく、もしペナルティを求められても、契約業務の遂行にかかるコストより安く済む。

こうした顧客サービスの問題点を、今度は内側から見てみよう。二〇一四年四月頃、ＩＢＭのグローバル・デリバリー・センター内で働く、ある現役社員からこんな証言を得た。

「大量解雇とは別に、会社は契約社員全員を一時帰休させているうえに、私たちの超過勤務を禁じています。チームの半数がいないのに、超過勤務も、夜勤も、ページアウト要求も、勤務時間外のウィンドウシステムの操作もダメということは、金曜日の職場に人がいなくなるということです。実際に、金曜日にグローバル・テクノロジー・サービスの中を歩いてみると、びっくりしますよ。デスクに誰もいないのですから。顧客は『フルタイム当量（FTE）（＊訳注：人員数の測定方法の一つで、パートタイムの人員をフルタイムの人員に換算して数える方法のこと）』で料金を支払っているのですから、会社はそれを守る義務があります。

でも実際には、一六人で四〇件を担当しているチームもあるのです。本来なら、そのチームの顧客にはそれぞれ一〇FTE必要なのですが。顧客は会社から、プロジェクトに参加できるくらいのベテラン社員が七人ついている、と言われているのかもしれません。でも、その七人が八件の顧客を掛け持ちしているとは知らないでしょう。要するに、会社は顧客を裏切っているのです」

IBMが裏切っているのは、グローバル・サービスの顧客たちだけではない。自社の社員たちをも裏切っている。ＩＢＭのアウトソーシングチームは、これまで数々の新事業を生み出してきた。顧客システムの支援に加え、販売とコンサルティングにも力を貸してきた。販売チームが新しい複雑なテクノロジーを売れば、それをうまくセットアップし、コンサルタントが新しいアイディアを売れば、それを形にできる優秀な人材を提供した。しかし、いまやアウトソーシング組織は会社のお荷物にすぎない。システムやソフトウェア販売に悪影響を及ぼし、プロジェクトの足も引っ張る始末だ。

ＩＢＭの収益が減少しているひとつの理由は、アウトソーシング事業がひどいダメージを負っていることだ。それによってプロジェクトの遂行も、自分たちの商品のサポートもできないなら、ＩＢＭが将来手がける大事業もまた、失敗の危機に晒《さら》されることになるだろう。

第七章

売却された二つの事業

なぜＩＢＭはＰＣ事業とサーバー事業をレノボに売却したのか

二つの事業の売却劇を比較して分かる違い

ＩＢＭがどれほど衰退しているか、本社幹部の頭の中がどれほど現実とかけ離れているか、それを知るために二つの売却劇を比較してみよう。ＩＢＭは二〇〇四年にＰＣ事業を、二〇一四年にインテルサーバー事業を売却した。どちらも売却先は中国企業のレノボだが、二〇〇四年と二〇一四年では状況がまるで違う。風向きは悪くなった。

ＩＢＭがエントリーシステム部門の設立を発表し、性能はイマイチで高額だが後に熱狂的な支持を集めた「ＩＢＭパーソナルコンピュータ」を世界に向けて発信した当時、中国はアメリカの主要な貿易相手ですらなかった。それから二四年後、ＩＢＭはこのＰＣ部門を中国の企業に売却することを決める。表向きの理由は、長年の不採算事業を整理して増収を図り、もっと利益を出せる事業へ主軸を移すことだった。

この理由は真実でもあり、真実でもない。ＰＣが日用品となり、ＩＢＭは一九八〇年代後半以降、この部門から大きな収益を上げられずにいたのは確かだが、実は、この売却話には売上向上と年金負債の削減以外に深い事情があった。

まず、売却価格に注目してみよう。現金と株式、そして債務の引き受けを合わせて、ざっと一八億ドル。巨額だが、二〇〇三年のＩＢＭの総売上高九二億ドルに比べれば微々《びび》たるものだ。たとえ利益の少ない事業だとしても、売上高の二割という価格設定は安かろう。たとえば、カーリー・フィオリーナ（ヒューレット・パッカード社の当時のCEO）なら、いくら出しただろうか？　二〇〇一年に二五〇億ドルでコンパックを買収したフィオリーナなら、きっとレノボの二倍から三倍の価格を提示しただろう。なにしろ、世界最大のコンピュータ企業である自分の会社が、デルを出し抜き、世界最大のPCメーカーとなるチャンスだったのだから。

そう、きっとIBMはHPに強烈なライバル意識をもっていたにちがいない。それならNECのような日本の大手企業に売るという選択肢もあった。NECはパッカードベルという小さな電気機器メーカーを一八億ドル以上で買収している。当時は円高ドル安で、日本での企業の借入コストはタダ同然だったのに、なぜ、IBMは日本企業を売却先に選ばなかったのだろうか？　あるいはヨーロッパの企業は？　別のアメリカ企業は？

ゲートウェイは、レノボがIBMに払った額以上の買収金をイーマシーンズ（＊訳注：低価格が売りのPCメーカー）に支払っている。会長兼CEOだったテッド・ウェイトなら、IBMブランドの使用料としてもっと大金を積んだはずだ（ゲートウェイは、コンピュータの外箱を白と黒の牛柄《うしがら》で統一するような、素朴なブランド設定で有名なPCメーカーだった。二〇〇七年に台湾のPCメーカー、エイサーに買収されたが、ブランド名は今も残っている)。

売却先が中国企業でなければならなかったわけ

注目すべきは、IBMがPC部門を売り払った相手がレノボだった点だ。レノボは当時中国最大のPCメーカー、そして今は世界最大のPCメーカーだ。確かに、IBMは採算性の乏しいPC部門をいずれ、どうにかしなければいけなかったろう。しかし、サム・パルミサーノは中国への売却にこだわり、その実現のためには、売却額がよその企業よりどんなに低くても気にしなかった。IBMは頭痛の種を取り除き、さらにはそうすることによって、**将来、世界最大となるIT市場に参入する唯一の足がかりを得た**のだ。この取引のキーワードは「アメリカ」ではない。「中国」だった。

中国でビジネスを展開するにはパートナーが必要だ。自分たちだけで中国に支店を作り、販売事業をスタートさせるのは難しい。でも、パートナー企業を見つければ、そこにくっついて市場に参入できる。レノボはIBMにとって、申し分のないパートナーだった。IBMは中国企業をパートナーにしただけではない。この取引の結果、レノボの株式を手に入れると同時に、出資してレノボと共同で新会社を設立した。私の知るかぎり、これは前代未聞の展開だ。普通なら中国企業とアメリカ企業が協力態勢を敷くのは一筋縄ではいかないが、この取引ではＩＢＭの権限が強く、レノボにアメリカ国内への本社移転と、アメリカ人ＣＥＯの就任、さらにはアメリカ人社員一万人の受け入れを承諾させた。アメリカと中国の企業が手を組めば、首脳会談には二〇時間もの空の旅が必要になる。しかしＩＢＭとレノボの経営陣は、デニーズでランチを食べながら会議することもできた。この取引で得をしたのは、ＩＢＭ側だけだった。

両社の合意のもと、ＩＢＭは未来のＰＣ製品に関する設計・開発のインプットを確保し、「ＩＢＭ」の商標を五年間保持した。そしてこの短期間に、これらの製品ラインに関わる主要な財政依存をすべて断ち切った。つまり、インテルとの提携による製品生産にも終止符が打たれたわけだ。もちろん、インテル（とおそらくは半導体製造会社のＡＭＤ）のプロセッサを搭載したコンピュータの販売は続けたが、古いしがらみを断つことで「ＰｏｗｅｒＰＣ」と「Ｐｏｗｅｒ５」を武器に、インテルが一人勝ちしているプロセッサ市場に参戦することが可能になった。

過去に投資するため、未来を売る

パルミサーノは不採算事業を清算して戦闘の準備を整えた。彼は、それまでの路線とは別の市場――かつてIBMが快進撃を繰り広げて儲けたサーバー市場で、存分に戦いたかったのだ。このIBMのPC事業撤退によって、IBMとレノボ、AMD、そしてデルが勝ち組となった。レノボは瞬《また》く間に市場シェアを二倍にし、AMDはインテルのPowerベースに若干食い込みを見せた。当時、PC市場のトップの座に君臨していたデルは、低コスト戦略が功を奏してHPを引き離した。負け組はHP、インテル、サン・マイクロシステムズ（＊訳注：コンピュータ製造、ソフトウェア開発、ITサービスを行なう米の企業）で（とりわけサンはかなりの負けっぷりだった）、この三社は苦しい立場に追い込まれた。

二〇〇四年の売却劇を取り仕切ったパルミサーノには、レノボ相手にうまく立ち回れる才覚があった。しかし、今年（二〇一四年）に入ってインテルプロセッサ搭載のサーバー事業の売却案をレノボに提示し、パルミサーノのような措置を講じようとしたジニー・ロメッティは、大きな過ちを犯した。

この売却が成立すれば、IBMは同じ轍《てつ》を踏むことになる。また目先の利益に目がくらんで、将来の利益を生むはずの資産を手放すことになるのだ。この提案はレノボにとっては朗報だが、ＩＢＭにとっては自暴自棄《じぼうじき》とも言える行為だ。ウォール街のアナリストの多くはこの売却案を高く評価したが、アナリストでも間違うことはある。彼らはこれを、利益率の低いサーバー事業（インテルベースのサーバー）を売却し、利益率の高いサーバー事業（大型汎用《はんよう》コンピュータの「Ｚシリーズ」と「Ｐシリーズ」）に専念する戦略だと見なしていたが、そうではない。ＩＢＭは、過去に投資するために会社の未来を売り払おうとしているのだ。**小さなサーバー事業は、未来のコンピューティング事業という大きな花を咲かせる貴重な種なのに――**。中国というこの新興市場国で本気で勝負するつもりなら、ＩＢＭは「一流のサプライヤー兼一流のプレーヤー」にならなければいけない。

現在、グーグル、ヤフー、アマゾンなどで使われているテクノロジーを見てみよう。だいたいがインテル製とサン製だ（とりわけサンが多い）。かつては苦しい立場に追い込まれていたメーカーである。

しかし今では、低価格で大量生産可能なインテルサーバーでも大企業の経営が可能なことは明白だ。低コストのサーバーと新しいソフトウェアツールを少し揃えるだけでいい。ＩＢＭのＺシリーズ（メインフレーム）やＰシリーズ（ミッドレンジＵｎｉｘ）の何分の一かのコストで、十分な処理能力が実現できるはずだ。しかしＩＢＭはこうした真実に背を向けて、インテルサーバー事業を売却した。

利益率の高いZシリーズとPシリーズの販売数が増えれば、問題ないのかもしれない。しかし、IBMの最新の損益計算書を見るかぎり、そうなるとは思えない。つまり彼らは、利益率は低いけれども顧客が実際に買ってくれる事業を売り払い、利益率は高いけれども顧客が買ってくれない事業に投資しているのだ。

そう、これは紛《まぎ》れもない事実である。

情報テクノロジーはコモディティ化（＊編注：競合する商品の品質や機能面での差が無くなり、均質化すること）の時期に差しかかっている。メインフレームとミッドレンジ・コンピュータ、サーバーはいまや日用品になりつつある。だからIBMは、コモディティ市場での舵《かじ》の取り方を学ばなくてはいけない。コモディティサーバーの量販メーカーを目指すべきなのだ。ウィキペディアによれば、「PureSystems《ピュアシステムズ》」は「エキスパート・インテグレーテッド・システム」と称される、コンポーネントを工場設定したIBMのサーバー製品シリーズだ。しかし、新しいドル箱として注目されるこの「ピュアシステムズ」は、IBMのシステムズ&テクノロジーグループに必要なビジネスを運んでは来ないだろう。

経営陣は、なぜ、それに気づかないのだろう。

ＩＢＭは低価格で大量生産可能なインテルサーバーの台頭という新たな時代を受け入れなければいけない。自社のメインフレームとミッドレンジのアプリケーションをこの新しいプラットフォームに適合させるべきだ。世界はこの方向に動いている。インテルサーバー事業の売却は、ＩＢＭの長期的な繁栄を妨げる誤《さまた》った行為だったのだ。

低価格のサーバーなら、必ずしも「インテル」ベースである必要はない。「Ｐｏｗｅｒ」や「ＡＲＭ」ベースのマイクロプロセッサでもトップになれる。いまや市場の主流はこのコモディティプロセッサだ。ＩＢＭも進化し、未来の一端を担うべきだ。けれどもインテルサーバー事業の売却からわかるように、彼らにはその意識がない。このままでは将来、進化することは無理だろう。これも、私がこの会社の行く末を心配する理由の一つなのだ。

第八章

秘策は自社株買い

発行済み株式数の削減に支えられていたEPS増加のカラクリ

借金してまで株を買い戻す意味

もしもあなたの会社の最優先課題が、ＩＢＭのように、もはや社員でもない男が何年も前に掲げたある利益目標の達成なら、なにか強力な金融ツールを用意しなくてはならない。**ＥＰＳの増加は、増益か、発行済み株式数の削減、あるいはその両方の組み合わせで実現できる。**近年の売上高が横ばいから減少傾向にあるＩＢＭは、社を挙げて大規模なコスト削減に努めながらこの両方に取り組んできた。「ティーパーティー」（＊編注：二〇〇九年から米国で広まった保守派市民による政治運動）が勝利したらアメリカがどう変わったか知りたい人は、ＩＢＭを参考にすればいい。

本書の残りの部分では、この会社の売上高の増加とコスト削減への取り組みについて取り上げるつもりだが、この短い章では、その方程式の裏側ともいうべき「発行済み株式数の削減」に的を絞ろうと思う。たとえ減益でも、株式の山がどんどん小さくなれば「増益」になる——このタネ明かしをしよう。

発行済み株式は、現株主から自社株を買い戻すことで数を減らせる。そのメリットは、株式配当と比べて節税効果があり、株主への還元率が高くなることだ。配当金にはまず法人所得税が課せられるので、その分、株主への分配率は下がる恐れがある。また、配当を受け取った株主にも所得税の支払いが義務づけられる。つまり、二重に課税されるわけだ。一方、自社株買いを実施すれば株式の総数が減る分、配当金額が上がり、さらに納税は売却益率が低いときに一度だけすれば良いので、株主への還元率が高くなる。持ち株を売戻しするかどうかは株主の自由だ。「物言う投資家」として知られるカール・アイカーンは、投資先の企業にこの自社株買いをよく要求する。

アイカーンが標的にするアップルやイーベイ（＊訳注：世界最大のインターネットオークションを手がける米企業）のような企業とは違って、ＩＢＭは自社株買いにまったく抵抗感がない。実際にこの一〇年間で一〇一〇億ドル分を買い戻し、総数を元のおよそ三分の一まで減らしている。しかし、ＩＢＭの自社株買いの手段には納得できないものがある。実は、この会社はそのために借金をしているのだ。

そもそも自社株買いには、会社の余剰《よじょう》利益が使われるものだ。ＩＢＭは余剰利益が潤沢《じゅんたく》なのに、借金をして割安株でもない株を買い戻している。もっとも、この五年間、ＩＢＭ株が割安になったことなどなかったが。では、なぜ、彼らは買取り資金をよそから借りたのか？

IBMは借金中毒か

この「自社株買い」というビジネス手法をもっと理解したいと思った私は、古い友人のレイ・オッビーに教えを請うべく連絡を取った。彼はインテルのCFO（最高財務責任者）補佐としてハイテク業界でのキャリアをスタートさせた後、シリコンバレーで長年CFOの任に就き、先日、退職したばかりだ。しかし悔《くや》しいことに、「一般に公正妥当と認められる会計処理の基準」（GAAP）の理解にも手間取る私には、なかなか手ごわい内容だった。

まず金額を見てみよう。一〇一〇億ドル（二〇一四年の第1・四半期だけで八〇億ドル）とは莫大《ばくだい》な借金だ。もし、IBMがこの借金で自社株をひとつも買い戻さなかったとしたら、会計上、どう処理されるのだろう？　その一〇一〇億ドル（もしくは八〇億ドル）は利益として計上されるのか？　あるいは少なくとも、支払利息（まだ支払われていなくても）は計上されるのか？

実は、どちらも計上されないらしい。

「自社株買いの費用は、損益計算書上で『費用』として差し引きされない。株を買い戻さないうちは純利益が増えないからだ。損益計算書の収益と費用に資本取引は含まれない」

とレイが教えてくれた。火のない所に煙は立たないと言うが、実態はどうなのか？

「ＩＢＭは毎年、（株価が上がっていようが下がっていようが、利幅の中で）純利益を自社株買いに使っているようにも、年度初めに資金を借り入れ、それを自社株買いにあてて、年度内に利益が実現したときに、その負債を返済しているようにも見える。つまり、無茶な借金をして自社株を買い戻しているようには見えない、ということだ。

自社株買いが正当化されるのは、会社以上に株主が得をするときだけだ。要するに連中は、会社の株価が『Ｓ＆Ｐ五〇〇指数（＊訳注：証券格付、投資顧問を行なう米の金融情報サービス会社、スタンダード・アンド・プアーズが発表するアメリカの代表的五〇〇種株価平均）』を下回るのは、自分たちの製品や市場が成熟してしまったからだと判断したにちがいない。これが『収穫逓減《しゅうかくていげん》の法則（＊訳注：生産要素の投入量の増加に従って収穫は増えるが、その増え方は徐々に小さくなる、という法則）』によるものなのか、あるいは連中が自分たちの経営に自己満足して積極性を失ってしまった結果なのかはわからないが、どちらにせよ、ＥＰＳを上げるために、分子を大幅に増やせない代わりに分母を減らそうとしているわけだ。

発行済み株式数をストックオプション制や社員持ち株制、株式付きＭ＆Ａで膨《ふく》らませてしまった会社には合理的な方法だ。それからキミが前に言っていたように、経営陣のボーナスの額はおそらく株価の上昇と連動しているのだろう。どうやら読みが当たったようだね」

トロント出身の経営学教授、ロジャー・マーティンも、「常識を超えている」と言った。「常識の範囲内だと思っているのは、株価ベースの報酬をもらっている幹部役員だけだろう。この広い世界でタブーなんてものは、彼らには一つもないのだから」

IBMの言葉と行動は矛盾している。「アグレッシブで現代的なテクノロジー企業」というイメージを打ち出していながら、「S&P五〇〇指数」を超える成果の出し方がわからないからこっそり自社株買いをして株価を上げようとしている。IBMなら、株に頼らず自己資産でもっとましな対策が取れるだろうに。

「自社株買いにはそれなりの理由があるものだが、業績の代わりにしてはいけない」とレイ・オッピーは言う。「まずは業績改善だ。IBMが株を買い戻すために借金を重ねているとは驚いたよ。連中は借金中毒じゃないのか（ドラッグの常習者は快感を持続させようとするうちに摂取量《せっしゅ》が増え、自分をコントロールできなくなる。無茶な借金を重ねて自転車操業で返済しているIBMはこれにそっくりだ）。IBMは自己資本を使って、会社の成長の助けになる買収を増やすべきだ。取締役会はＣＥＯにＥＰＳの数値目標だけを挙げて、収益や売上総利益、営業利益率などの数値目標には触れなかったようだ。こうした目標は単独で見てはいけないものなのに。８・四半期連続で売上高が減少しているということは、会社の基幹事業が成熟したか、うまく機能していないか、あるいはその両方だろう」

エコノミストのデイビット・ストックマンは、『The Great Deformation（大きな歪《ゆがみ》）』の中で、ＩＢＭの自社株買い戦略について深い考察を展開し、これは連邦準備銀行による低金利政策の弊害だと指摘している。「二〇一三年までの七年間、ＩＢＭはおよそ一〇〇〇億ドルの純利益を計上し、**それを自社株買いに使い切った**。つまり、グローバル・ハイテク産業のかつての覇者《はしゃ》は、自社株の削減以外に自己資産の使い道を知らなかったのだ。これにより、ＩＢＭの発行済み株式数は当期二〇パーセント減少し、それに伴いＥＰＳが約四五パーセント増加した。さらに、この会社は七年間で二〇〇億ドルを分配している。二〇〇七年から二〇一三年までの純利益の一二〇パーセントに当たる額を、餌《えさ》を待つひな鳥のように大口開けて待っている株主とヘッジファンドにくれてやったことになる。言うまでもなく、プログラム売買では、一見『株主重視』のこの行動の裏を見抜くことはできない。たとえこの会社が破綻寸前であったとしても――」

ＩＢＭが法人実効税率を二〇〇七年の二八パーセントから二〇一三年の一五・五パーセントに下げることができたのは、同じ時期に展開された企業買収戦略に関係があった、とストックマンは見ている。ＩＢＭが税率引き下げにこれほど力を入れなかったら、一五ドルだった二〇一三年のＥＰＳは九ドル五〇セントになっていたはずだと指摘した。そして、ＩＢＭはこの時期の企業買収を**「ＥＰＳの増加を目的に驚異的に『加速化』させたが、そこに合理的な意味はない。単に低金利政策によって、税引き後の借入資本コストがゼロに近かったからだ」**と結論づけている。

保守的なエコノミストであるストックマンは、企業に対して税金や買収に必要以上の金を使え、と主張しているわけではないし、私もそうだ。私たちが問題視しているのは、ＩＢＭの経営陣が、これまで培《つちか》ってきた強みを活《い》かして事業を発展させようともせず、この数年間、**金融詐欺のような手口で利益を上げることに最大限の力を注いできたこと**だ。さらにストックマンはこう続けている。「数字上ではＥＰＳが増加していても、それが純粋な『企業価値の創造』（これは、アメリカ企業の経営幹部レベルが躍起《やっき》になって行なっている浅慮《せんりょ》なＭ＆Ａの建前《たてまえ》だ）とは何ら関係がないことは、すぐに明らかになるだろう。テクノロジー産業界の巨人が、毎年、固定資産の一五パーセントを食い潰しながらどう成長でき

財務状況はあたかも右肩上がりのよう

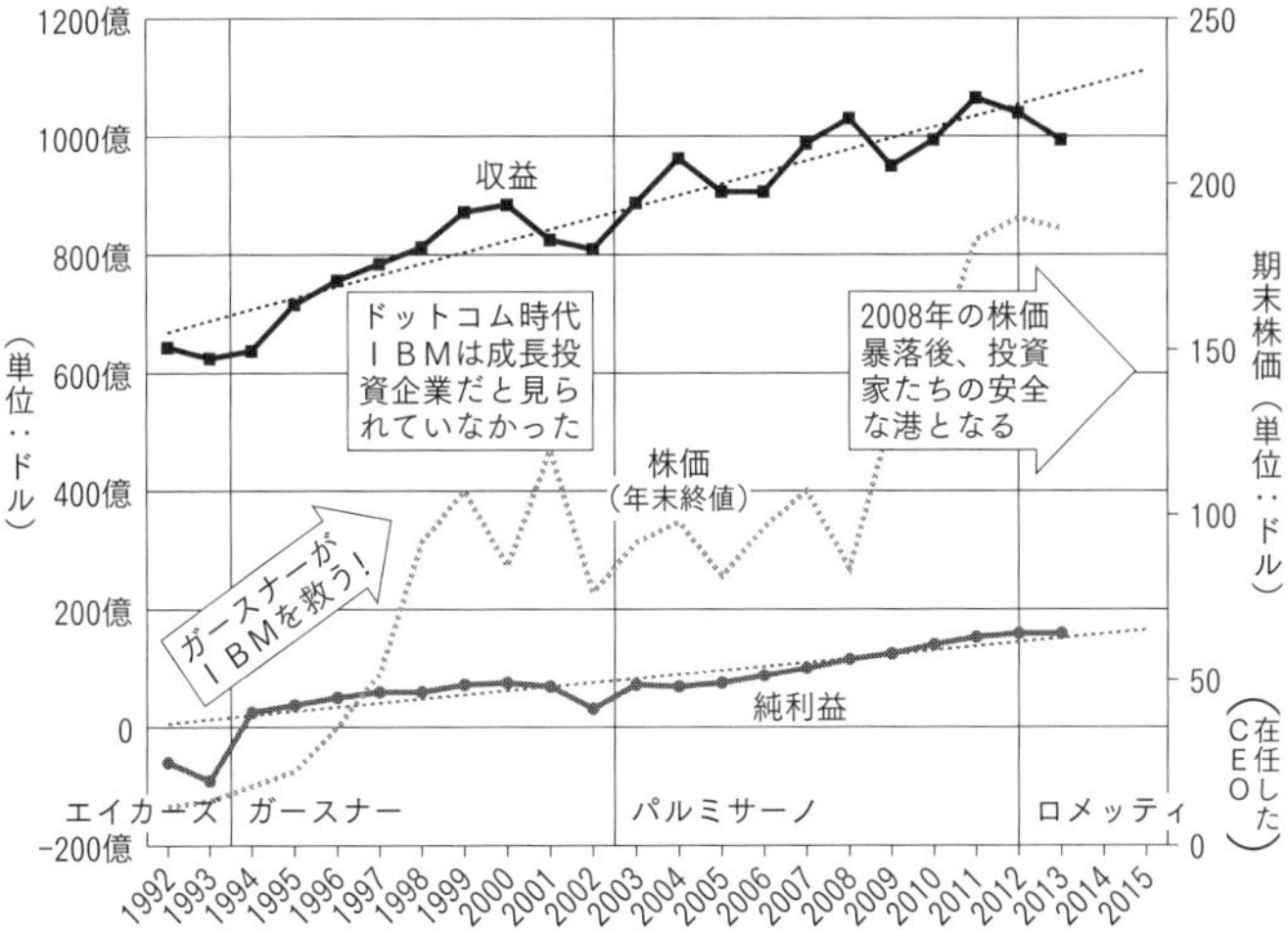

グラフ上では順調に増収増益を表わしている。株価も暴落後の立ち上がりは見事なものでしっかり右肩上がりとなっており、安定した優良投資先というイメージはゆるぎないように見える。

るのか、疑問視されるにちがいない」。

　ＩＢＭはきっと成長できない。今、崖《がけ》っ淵《ぶち》に立っているからだ。

大不況のさなかＩＢＭの株価だけが上昇した理由

　さて、ここで気になるＩＢＭの簡単な株価チャート（二〇一三年の年末終値まで）をご覧に入れよう（上図参照）。これを見ると、大半のＩＴ企業の株価が急激に下落した大不況のさなかに、ＩＢＭの株価だけは上昇しているのがわかる。この現象は、パルミサーノがノーベル賞級の経営手腕を発揮《はっき》した証《あかし》なのだろうか。

いや、おそらく違うだろう。ＩＢＭの経営陣がパルミサーノのリーダーシップとビジネス戦略に一目《いちもく》置いているのは、自社株だけが上昇したからだ。彼らは、暴落後の株式市場に数兆ドル規模の資産が投入されたことを知らなかったのだ。損失防止策に長《た》けた多国籍企業のＩＢＭは、安全な投資先として多くの投資家たちに人気が出た。だから、システム販売が低迷しても他人事だったにちがいない。彼らは財政危機があったことも、ビジネス界全体がまだショック状態にあることも忘れてしまっている。

自分たちの成功とは何なのか、それを理解することさえできなかったのだ。

第九章

メンフィスの教訓

ヒルトンとサービスマスター、二大顧客を失った理由

なぜH‐1Bビザの増発が要求されるのか

IBMの問題点を指摘した私のコラムには、ビッグブルーにひどい目に遭《あ》わされた顧客たちから寄せられた、たくさんの悲劇が紹介されている。その中の二つの恐怖体験には、アメリカIT産業の労働経済学と出稼ぎ労働者用ビザ「H‐1B」を中心とする移民政策にまつわる、ある教訓が秘められていた。

H‐1Bがどういうものか、ざっと説明しよう。H‐1Bは、アメリカ国民としての資格を満たさず、グリーンカードを持つ移民でもない外国人労働者が、アメリカ国内で就労するために必要なビザだ。H‐1Bが誕生したのはグリーンカードが不足していたからだが、いまやそのH‐1Bも足りないようだ。だからワシントンには、年間の割り当て数、およそ六万五〇〇〇件という現行の上限を引き上げようとする継続的な動きが少なからずある。聞くところによれば、その理由は**外国人労働者を増やさなければIT産業が麻痺《まひ》してしまう**からだ。

これは聞き捨てならない言いがかりだ。

私のような皮肉屋《ひにくや》たちはこう指摘する――外国人労働者は国内労働者と比べて低賃金なだけでなく長期的な福利厚生がほとんど必要ないので、雇用主の金銭的負担がずっと軽減されるからだ、と。つまり、**求められているのは「優秀な」労働者ではなく、「安い」労働者**なのだ。しかし、H‐1B政策は法律で、企業の「コスト削減」を目的にしてはいけないことになっているので、受け入れ上限の引き上げを要求している企業はこれを理由に挙げることができない。だから代わりに「労働力不足」を理由に挙げて、これはH‐1Bビザの増発によってしか改善できない、と主張しているのだ。

彼らの理屈が本当に通用するのか、テネシー州メンフィスを例に挙げて検証してみよう。IBMは二〇一二年、この地で二件の大口顧客を失った。「ヒルトン・ホテルズ」と「サービスマスター（＊訳注：米最大の清掃サービス会社）」である。

ヒルトンに迷惑をかける方が楽

ヒルトンは、IBMとの五年契約を二年足らずでほぼすべて破棄した。契約には、グローバルITヘルプデスクとすべてのデータセンター、そして「グローバルウェブ（hilton.comと関連システム全般）」のサポートなどが含まれていた。ヒルトンの情報筋によれば、IBMとの契約は悪夢だったという。ヒルトンの「エクスチェンジサーバー（＊訳注：メールサーバーの機能とグループウェアの機能を統合的に管理できるサーバーソフトウェア）」の管理に手抜きがあったのだ。ローリー・データセンター内のストレージ・エリア・ネットワーク（SAN）（＊訳注：複数のコンピュータと外部記憶装置を結ぶ高速ネットワーク）はインストール後、まともに機能したことがなく、一部のシステムが丸一日以上停止することもあった。IBMは自社のデータセンターにあるヒルトンのサーバーを十分に監視せず、サーバーのディスク容量不足をヒルトン側から指摘される始末だった。

IBMの落ち度によって、ヒルトンはたびたび大規模なシステムダウンに陥った。二〇一一年にそれが数日にわたったときは、予約客を迎えたフロントがクリップボードにはさんだ予約名簿に印をつけた。その後、別のクリップボードを見て部屋を確認し、直接その部屋に足を運んで別の客が使っていないか確かめた。もしも、こんなことがあなたのホテルや会社で起きたとしたら——想像してみてほしい。

ヒルトンでトラブルを連発していることはIBM内でもよく知られていて、たびたび議論の的《まと》になった。多くの社員は自社の対応がいかにお粗末か自覚していたが、リーダーたちは改善を拒《こば》んだ。改善するより、ヒルトンに迷惑をかける方が楽だと判断したからだ。

ヒルトンのシステム管理はいまやIBMからデルへと変わり、CIO（最高情報責任者）の首もすげ替えられた。「IBMを買ったことでクビになった者はいない」というIT業界の古い格言《かくげん》は、どうやらもう当てにならないようだ。

このヒルトンの一件で何か一つ、あなたに覚えていてもらいたいことがあるとすれば、それは、ヒルトンのサーバーをろくに監視できなかったＩＢＭの無能ぶりだ。これについてはまた後で詳しく話そう。

サービスマスターの善後策

メンフィスにはもう一件、ＩＢＭの大口顧客がいた。株式非公開企業のサービスマスターだ。ターミニックス、アメリカン・ホーム・メイド、メリー・メイドなどのブランドを展開する、家庭・企業向けのサービス会社である。

このサービスマスターも同じようにサーバーの不十分な監視で被害を被ったが、この会社の場合は、そこに基幹事業のアプリケーションの一部が含まれていた。サーバー、オペレーティングシステム、ストレージ、データベースはそれぞれ違うチームが監視していた。**監視の大部分は手動で行なわれ、ときにはまったく実施されないこともあった。**今回も、ＩＢＭはサービスマスターからの苦情で初めて事態に気づく。ある晩、アプリケーションの「交換」中になんらかの不具合が生じてデータベースにエラーが発生したのだ。だがバックアップシステムへの自動切り替えも、災害回復計画も機能しなかった。IBMは自社のバックアップテープからデータベースを復元しようとしたが、その復元プロセスも機能しない。専門家を呼び寄せ、失われたビジネスデータの回復と再現を試みたが、それも失敗し、データは永久に失われてしまった。

このときの問題点は、会社のメインデータベース（商売の生命線）が監視されていなかったことだ。サーバーの監視は契約事項の一つとして、契約料にも含まれていた。だが実際はこの体《てい》たらくで、ヘルプデスクからの報告が上がってきて初めてトラブルを把握した。つまり、IBMは、ヒルトンのときと同じ轍《てつ》を踏んだのだ。

ここからは労働経済学にまつわる話になる。

サービスマスターはIBMとの契約を解除し、新しいITチームを作ることにした。早速、腕利きのITエンジニア二〇〇人を見つけなくてはならない。メンフィスという小さなコミュニティで、熟練したIT労働者がそんなに見つかるわけがない――誰もがそう考えた。だが、ある土曜日の就職説明会に、一〇〇〇人以上が集まった。サービスマスターの担当者は全員と話をし、後日、採用候補者と改めて面談を行ない、二週間後にIT部門を新設した。IBM社員よりスキルも経験も豊富なエンジニアたちを集めたこの新しいI

T部門に、会社は満足しているという。

この話からもおわかりだろう。IT労働者は本当に不足しているのだろうか？　たとえ本当にそうだとしても、メンフィスが例外であることは間違いない。

サービスマスターは、データベースの監視についてはプロバイダーに任せた。ハイテク企業が元気な町、ケンタッキー州フローレンスに本社がある「DBAダイレクト」という会社だ。DBAダイレクトが最初にしたのは、監視ツールをインストールすることだった。IBMは、サービスマスターのアプリケーションとデータベースを実際には監視していなかった。これは、「コストがどうのこうの」で済む問題ではない。

でも、規模がIBMの一〇〇万分の一しかない会社に、監視業務ができるほどの財政的余裕があるのだろうか？　どうやらDBAダイレクトは、サービスの一環として、自社開発のソフトウェアツールを顧客に提供しているらしい。これなら少ない労働力で効率的な作業ができる。他社と競争するために、最低賃金の外国人労働者を雇う必要などない。DBAダイレクトがしたことは、製造業者が一〇〇年以上も前からやり続けてきたことだ。それはすなわち、「自動化」である。

DBAダイレクトのような小さな会社では、顧客と大きなトラブルを起こすことは許されない。深刻なシステムダウンは廃業につながる。仕事に手抜きはできないし、彼らもそれをちゃんと心得ている。だから自分たちのビジネス、ツール、プロセスに投資してきたのだ。

IBMの中心的なサービス事業の料金体系は、何十年も前からタイムチャージ制だ。だからサービス向上のために人員を増やしても、料金には反映されない。IBMは監視ツールと自動化ツールを付加価値商品と捉え、追加料金のかかるオプションサービスに設定していた。人員が少なくてもツールを増やせばサービスは向上する、優れたツールと自動化によって労働コストは抑えられる、とは考えもしなかったらしい。

サービスプロバイダーを見極めるための一〇項目

では、IBMの顧客はどんな防衛手段を講じるべきなのか?

頭の中が自己満足でいっぱいのIBM経営陣が唯一恐れるのは、顧客の怒りを買うことだ。収益が大きな危険に晒されたときだけ彼らは襟《えり》を正《ただ》す。迅速《じんそく》で前向きな対応を心がけるだけでなく、顧客のために事態の改善にとことん努める——はずだ。

したがって、もしもあなたかあなたの会社がIBMグローバル・サービスの顧客なら、これから紹介するような心構えが必要だ。次のリストをぜひコピーし、必要に応じて自分の会社のCEOかCIO、それからIBMの担当者に渡してほしい。IBMの担当者には一日の猶予《ゆうよ》を与え、このリストの中身を残らず実践してもらおう。だが、き、っ、と、う、ま、く、い、か、な、い、だろう。

すると彼らは逆ギレし、こうした要求はすべて「IBMサービス品質保証制度」でカバーしているから心配ない、と言ってくるだろう。その言葉に納得できなければ、彼らとの契約を打ち切ればいい。

各企業のCIOがこのリストに挙げた行動を契約先のIBMに要求すれば、IBM社内はたちまちパニックに陥るだろう。リストに挙げたような情報が自分たちの手元に届くまで、どれくらいの時間がかかるか顧客たちが知れば、人生に刺激がもたらされるはずだ。しかし、これはIBMだけでなく、すべてのITベンダーに試してほしい。そしてあなたの会社が今、どんな状態にあるのか、確認してみるといい。

外注先のITプロバイダーに要求すべき事柄は、大きく分けて一〇項目ある。

1、前月の顧客サービスの担当者名と担当時間数を確認しよう。

ＩＢＭは一人のスタッフに複数の会社を掛け持ちさせる傾向があるので、この確認を怠《おこた》るだけであなたの会社に危険が及ぶ可能性がある。実労働時間の監査も検討するといい。インド人労働者の時給は一三〇〇ドル、国内労働者は七八〇〇ドル。あなたの会社はＩＢＭに毎月、どれくらい支払っているだろうか？　毎月の支払いと人件費の差額から、ＩＢＭの取り分がわかる。万一、プロジェクトや業務に支障が出た場合は、業者の入れ替えを申し出て、ＩＢＭへの支払いから新しい契約コストを差し引こう。同じ仕事をＩＢＭよりうまく、速く、安くこなせる地元の労働者が見つかるはずだ。

2、サポートを受けているサーバーをリストアップしてもらおう。

その際、各サーバーのメーカー、モデル、シリアルナンバー、購入日、購入時と現在の資産価値、プロセッサの型と速度、メモリ、ディスク容量、ホスト名、ＩＰアドレス、オペレーティングシステム、インストール済みのソフトウェア、ビジネスアプリケーションなどもリストに入れてもらう（これらすべてのバージョンとシリアルナンバーも忘れずに）。提出されたリストは間違いがないか確認しよう。そこにはインフラストラクチャー（＊訳

注：なんらかのシステムや事業を有効に機能させるために必要な基盤）とサポートシステムも挙がっているか？

そのリストの提出までどれくらい時間がかかったか？　プロバイダーはこの情報を一元管理し、すぐに利用できる状態にしているか？　これらについても、確認しておこう。

3、ストレージ・エリア・ネットワーク（SAN）に関する報告書を出してもらおう。

そこに主回路と装置、そして各コンポーネントにかかる負荷の説明も入れてもらい、問題点がないか確認しよう。

異常を発生したディスクはどれくらいあり、交換にどれくらい時間がかかったか？　アプリケーションとデータベース、サーバー、ストレージプール間のクロスリファレンス（＊訳注：文書内の他の場所にある情報を参照して、任意の場所にその文字列やページ番号を反映させる機能）はあるか？

4、過去二週間分のサーバーのバックアップに関する報告書を出してもらおう。

サーバーはすべてバックアップされているか？　バックアップはすべて所定の時間帯に

行なわれているか？　時間に不足はないか？　その操作はバックアップウィンドウ（＊訳注：データのバックアップのために業務やシステムを停止することができる時間帯のこと）を利用して行なわれているか？　サーバーをバックアップしても、開かれていたり、ロックされているファイルはコピーできないからだ。毎日報告書を作成・確認し、万一、ファイルが失われていた場合には確実に復元することがプロバイダーの義務だ。あなたの会社もこの報告書に目を通し、作業が間違いなく行なわれているかチェックすべきだ。サーバーに潜在的な問題を見つけたら、サーバー上の全ファイルをリストアップするよう求めよう。その際、ファイル名、日付、そしてアーカイブ（バックアップ）ビット（＊訳注：ファイルが修正されたかどうかを示すマーカー）がオンになっているか、なども忘れずに入れてもらう。

リストに間違いはないか？　この報告書の提出までどれくらい時間がかかったか？　データの復元テストはどれくらいの頻度《ひんど》で行なわれているか？　誤って削除されたファイルの復元にどれくらい時間がかかるか？　プロバイダーは、「ベアメタル」回復（「ベアメタル」とは、ハードディスクが何も書き込まれていない、まっさらな状態のことを指し、その状態からシステムを元の状態に戻すことを「ベアメタル回復」と言う）を実行できるか？

5、バックアップシステムのテストを実行してもらおう。

少なくとも数テラバイトのデータ総量を持つ重要なアプリケーションやサーバーは把握しておく必要がある。サーバーやデータベース、オペレーティングシステムなど、全システムが完全に復元できるか試してもらう。時間はどれくらいかかるか？　再起動させたアプリケーションやデータベースは通常通り機能するか？　データ完全性（＊訳注：データがすべて揃っていて完全であることの保証）は確保できるか？

6、ウィンドウズ製サーバーを使っている場合は、ウイルス対策ソフトウェアに関する報告書を出してもらおう。

すべてのウィンドウズ・サーバーでウイルス対策ソフトが機能しているか？　同じスタンダードバージョンか？　ウイルス定義ファイル（＊訳注：ウイルス検出の際に用いられる、ウイルスの特徴が記されたデータベースのこと）は最新か？　さらに、最近のウイルス感染に関する情報も入れてもらおう。内容に漏《も》れはないか？　報告書の提出までどれくらい時間がかかったか？　サーバーでウイルスが検出された場合、どのような形でプロバイダーに連絡が行くのか？　プロバイダーは対処にどれくらい時間がかかるか？

7、あなたの会社のネットワークに関する報告書を出してもらおう。

その報告書には必ず次の項目を入れる。

・ルーター、スイッチ（＊訳注：回線やパケットの切り替え機能を持った通信装置の総称）、ファイアウォール（＊訳注：企業などの内部ネットワークを不正なアクセスから守る「防火壁」のこと）などの主要なネットワーク装置に関する説明。

・IPアドレスの割り振り

・内部向けDNS（＊訳注：インターネット上でドメイン名を管理・運営するシステム）のエントリ。

・最新のルーティング（＊訳注：情報を最適な経路を選択して送信するシステム）とファイアウォールのルール。

こうした情報は最新で、漏れがないか？　報告書の提出までどれくらい時間がかかったか？　プロバイダーはこの情報を一元管理し、トラブルの原因究明にいつでも利用できる状態にしているか？

8、あなたの会社で導入しているディザスタ・リカバリ（DR）（＊訳注：自然災害などで被害を受けたシステムを復旧・再現すること）計画に関する情報を出してもらおう。

肝心なのは、最新のDRテストの計画と結果だ。実時間タスクのスケジュールが確認でき、解消すべき問題点がわかる（問題点は多少あってもかまわない。このテストの目的は、問題点の特定と改善、それから本物の災害時に慌《あわ》てず対処できるスキルを担当者が構築することだからだ）。必要があれば、あなたの会社の人間も、バックアップシステムからファイルやデータベースを復元することができるか？　このテストに携《たずさ》わったスタッフの名前をリストアップしてもらい、いつもの担当者か、それとも「余剰人員《よじょう》」から適当に回されてきた人材か確認しよう。このテストに携わったスタッフのうち、あなたの会社のデータ復旧設備のある地域で暮らしている人間はどれくらいいるか？　外国から招集されたチームだったか？　本物の災害が発生した場合、スタッフの招集にどれくらい時間がかかるか？　災害時に供給・サポートが必要な、重要なアプリケーションもリストアップしてもらおう。内容に漏れはないか？　個々のアプリケーションの詳しい情報が含まれているか？　どれくらいの量のデータが含まれているか？　そのデータはネットワークを介して活発に同期化されているか？　同期処理の実行状況はどれくらいの頻度で確認されているか？　復元が必要なホスト名とファイルシステムは？　アプリケーションの起動に必要なスキルは？

9、ヘルプデスクに関する情報を出してもらおう。

過去二週間分の問い合わせや苦情の内容をすべてプロバイダーから提出してもらったら、今度は自分の会社に同じ期間のＩＴ関連のトラブルを報告させ、プロバイダーの情報と照らし合わせてみる。その中からアトランダムにいくつかの事例をピックアップし、問題点に気づくまでにどれくらい時間がかかったか調べてみよう。プロバイダーが対応を開始するまで、どれくらい時間がかかったか？　改善にどれくらい時間がかかったか？　問題点は本当に改善されたか？　効果的な問題防止プログラムは導入されているか？　プロバイダーは報告された問題点を分析し、発生件数と頻度を減らす手立てを講じているか？その報告書の提出までどれくらい時間がかかったか？　ヘルプデスクに寄せられた情報はすべて一元管理され、だれでもすぐに利用できる状態になっているか？

10、継続的な改善の証拠を探そう。

このプロセスを毎月繰り返し、月々と数カ月ごとの変化と改善点を確認しよう。ＩＴ関連のトラブルは減っているか？　こうしたトラブルの修正に要する時間は短くなっているか？　プロバイダーが積極的、効果的、継続的な改善計画を用意している、という明白な証拠はあるか？

優れたプロバイダーなら、こうしたデータを自動的に収集できるツールと、すぐに利用できる報告書を用意している。彼らにとって、こうした情報の提供は朝飯前《あさめしまえ》のはずだ。プロバイダーが情報を提供するまでにどれくらいの時間と手間がかかるか、よく観察してみよう。すぐに提供できない場合は、用意していないということだ。用意していなければ、あなたの会社をサポートすることなどできない。そんなとき、きっとあなたはこう思うだろう――「連中は料金分の仕事をしているのだろうか？」。あなたが雇ったプロバイダーが前述した要件を満たしていなければ、彼らが提供するサービスの質も、顧客であるあなたに対する彼らの姿勢も、あまり良くはないということだ。彼らは、利鞘《りざや》欲しさに自分たちのサービスの質を犠牲にしていることになる。

全企業のＣＴＯ（最高技術責任者）、ＣＩＯ（最高情報責任者）、ＣＦＯ（最高財務責任者）

は、本章を真剣に受け止めてほしい。あなたが雇ったＩＴサービスプロバイダーは、あなたのビジネスに甚大《じんだい》な財政的ダメージをもたらしているかもしれない。サイバー犯罪率はこれまでになく高い。あなたのビジネスも大きな危険に晒されている。あなたが雇ったプロバイダーは、あなたの利益を最優先に考えているか、徹底的に確認する必要がある。他の会社や組織にいる友人たちと情報交換してみるといい。プロバイダーとの契約を見直すのもいいだろう。彼らはあなたのビジネスを守る適切な法的・金銭的な対策を用意しているだろうか？　もし用意していないなら、プロバイダーを替えるか、あるいは多額の保険に加入した方がいい。

　金を惜しめばそれなりのものしか手に入らない。コストのかからないＩＴサービスを選べば、あなたの会社のビジネスシステムは最善の管理と保護を受けられないかもしれない。そうなれば、あなたのビジネスも、会社も、顧客も、生活も、危険に晒されることになるのだ。

第十章

ビッグブルーが生き残る道

既存事業と「大きな儲け話」の問題点と解決策

ＩＢＭの既存事業とビッグアイディアの検証

アメリカ産業界で最もパワフルな女性――それはおそらく、ＩＢＭ社ＣＥＯのジニー・ロメッティと、ゼネラル・モーターズ社ＣＥＯのメアリー・バーラの二人にちがいない。本書が示すように、ロメッティはパルミサーノの戦略をそのまま引き継いだが、バーラは、秘密主義という一〇年に及ぶ会社の伝統を断ち切ったばかりだ。欠陥車二六〇万台のリコール（無料の回収・修理）に踏み切り、対応の遅れを謝罪した。リスクを負っているのは両者とも同じ。ただし、片方が負うのは誠実さと新しい方向性に伴うリスクであり、もう片方が負うのはパルミサーノを正しいと信じるリスクである。

パルミサーノは間違っていた。

このままいけばＩＢＭは倒産しかねない。そうでなくても、存在価値のない企業になってしまう。情報テクノロジーはコモディティ化が進んでいる。いずれＩＢＭは、量・質・コストの面で他社と競争することになるだろう。そのとき、過去の栄光は何の役にも立たない。プレミアム価格で独自の製品・サービスを提供する時代はもうすぐ終わるのだ。今後も圧倒的な存在感を誇示し続けるには、常に変化している市場に適応することが必要だ。

本章では、ＩＢＭの現在の課題とその対策について提言したい。ジニー・ロメッティＣＥＯが私のアイディアを実践してくれることを願っている。

現在のＩＢＭのビジネスプランは、二〇一五年までにＥＰＳを二〇ドルにすることだ。幹部が考えるインセンティブ・プログラム（訳注：何を重視して行動すべきか社員に提示し、意欲を引き出す計画）は、目先の純利益と何年も先のＥＰＳの増加に絞り込まれていると言っていい。どの会社でも、インセンティブ・プログラムは意思決定プロセスに大きな影響を及ぼす。ＩＢＭではその影響で既存の基幹事業が先細りし、近い将来に大儲けできそうな大構想《ビッグアイディア》がいくつか打ち立てられた。しかし、この大きな儲け話が頓挫《とんざ》したらどうなるのだろう？　ＩＢＭが生き残る道は他にあるのか？　これからＩＢＭの既存事業とそのビッグアイディアを一つひとつ取り上げ、検証していこうと思う。

1、ハードウェア事業の問題点

ＩＢＭのハードウェア事業は、近年、苦しい状況にあり、二〇一三年には大きな損失を出した。こうした苦境の背景にあるのは、「ムーアの法則」だ。インテルの創設者、ゴードン・ムーアが「半導体の性能は一八カ月で倍増する」と提唱した説である。この法則にはさまざまな解釈の仕方があるが、大事なのは顧客の視点で捉《とら》えることだろう。顧客は、一八カ月前と同じ料金で倍の価値があるものを手に入れられると思っている。インテルはこうした期待に概《おおむ》ね順調に応えてきたが、ＩＢＭは後れを取った。数をこなせるビッグシステムの構築に力を割《さ》かれていたからだ。こうしたシステムが「大きな技術的偉業《いぎょう》」であることは間違いない。しかし、まずいことに、インテルがそれに追いつきつつある。ＩＢＭのビッグシステムは、近いうちにインテルに追い越されてしまうだろう。

この一五年でテクノロジーは進化し、数多くのコンピュータ・システムを統合できるようになった。これは、グーグルやヤフー、フェイスブックのデータセンターで活用されている技術である。この「ユニファイドコンピューティング」を用いれば、最高クラスのメインフレームに匹敵するシステムを、その何分の一かの費用で構築できる。ＩＢＭでは「Ｈａｄｏｏｐ《ハドゥープ》」と呼ばれる大規模データの分散システムを、ハードウェア事業のストレージなどの分野に応用している。しかしＩＢＭならではの技術、あるいは独占的な技術は、じきに市場競争から脱落するだろう。コンピュータ・テクノロジーのコモディティ化が進む今、ＩＢＭはコモディティ・サプライヤーへと転身する準備を整えなくてはいけない。

2、ハードウェア事業のソリューション

ハードウェア部門は手放さずに成長させるべきだ。当面の目標は、これ以上、人員を削減せずに収支とんとんの業績を上げること。そして今後一〇年間は、市場の要求に合わせた事業展開をすることだ。インテルのシステムには価格と性能に基準が設けられている。ＩＢＭも全システムをＩシリーズ、Ｐシリーズ、Ｚシリーズの製品ラインと同じレベルに引き上げなければならない。

興味深いことに、Ｉシリーズ、Ｐシリーズ、Ｚシリーズには同じプロセッサ・テクノロジー、「パワーチップ」が搭載されている。今こそＩＢＭは、拡張性が高いユニファイドシステムを一つでも開発しよう。コンピュータ・ハードウェアのコモディティ化が進むなか、その一つが、利益を生み出す大量生産の足がかりとなるからだ。Ｈａｄｏｏｐテクノロジーがあれば、インテルのハードウェア製品から、メインフレームの性能を備えたシステムをすぐに構築できるだろう。ＩＢＭはＩシリーズ、Ｐシリーズ、Ｚシリーズを、統合されたＨａｄｏｏｐベースのインテル製プラットフォームに移植すべきだ。

惜しいことに、ＩＢＭは先般（二〇一四年十月）、インテルサーバー事業をレノボに売却

した。これは、誤った判断だった。ＩＢＭは胸に手を当てて考えてほしい。「レノボがやろうとしていることが自分たちにはできないのか?」、と。Ｘシリーズ売却の表向きの理由は不採算事業の整理だが、コモディティ市場への参入に二の足を踏んでいるＩＢＭの現状がそこから透けて見える。

Ｘシリーズはいわば「炭坑のカナリア」だ。ハードウェア事業の運営方針を変えなければ、Ｘシリーズだけでなく他のシステム事業も姿を消すことになるだろう。

Ｈａｄｏｏｐテクノロジーによってデータストレージの価格と性能の水準は変わりつつあり、今後、顧客の期待はますます高まるだろう。その期待に応えるべく、ストレージ製品をすべて、新しいオープンシステム・テクノロジーと張り合える価格帯にし、セットアップとサポートが簡単にできて、少ない手間で使えるものにしよう。ＩＢＭには、最高クラスのストレージ製品を低コストで生産できるテクノロジーが揃っている。あとは、それを形にするだけだ。

では、ＨａｄｏｏｐのストレージシステムをＩＢＭの「チボリ・ストレージ・マネージャー」（ＴＳＭ）に組み込んだらどうなるか? 誰もが欲しがるバックアップ・リカバリーシステムになるはずだ。ＴＳＭとＨａｄｏｏｐの全機能を備えたバックアップ製品を作れば、顧客は飛びつくだろう。私は先日、シマンテックのＮｅｔＢａｃｋｕｐ《ネットバックアップ》製品チームに優れたアイディアを提案したばかりだが、今度はどこよりも早く、ＩＢＭに商品化してもらいたい。彼らがまた、せっかくのチャンスをふいにしないことを祈ろう。

先般ＩＢＭは、一部のパワーシステムにＬｉｎｕｘ《リナックス》（＊訳注：応用範囲が広い、オープンソースのＯＳの一種）のサポートが可能になったと発表した。今度はＡＩＸ（ＩＢＭ版ＵＮＩＸ）をインテルプロセッサに移植してはどうだろう。サイバーセキュリティ問題が増え続けている昨今、安全でサポートが充実しているＵＮＩＸ系オペレーティングシステムをインテルに移植すれば、大きな需要が見込める。小売り大手のターゲット社がサイバー攻撃を受けた事件に市場の動揺はまだ続き、難攻不落《なんこうふらく》のオペレーティングシステムが必要とされている。ＡＩＸならその要求が満たせるはずだ。

３、ソフトウェア事業の問題点

二〇一三年のＩＢＭのソフトウェア事業は、売上の伸びも良く、利益幅も高い、いわば社内の「期待の星」だった。しかし、今は顧客のニーズからだいぶかけ離れている。オラクル社と比較してみると、ＩＢＭの現状がよくわかる。オラクルはもともとデータベース会社だったが、今ではその枠《わく》を超えて大躍進を遂げ、業務用アプリケーションソフトウェアをずらりと取り揃えている。人事管理システムや会計システムも進歩的だ。一方ＩＢＭは、ソフトウェア事業に関しては一九七〇年代のまま。顧客が自分で業務用アプリケーションを作る際に必要なツールを販売している。これは、企業経営者が喜んで手に取るような代物《しろもの》じゃない。この部門の業績は今のところ悪くないが、将来の見通しは暗い。

他の多くのソフトウェア会社と比べると、ＩＢＭの行動スピードはまるで氷河《ひょうが》並みだ。他社なら数日から数週間で済む調整やアップデートに、数カ月以上費やしている。ソフトウェア事業も他部門の運営方法と同じ――お役所並みに部署が多くて手続きが煩雑《はんざつ》である。業界をリードする会社は顧客のニーズに敏感で対応が迅速だが、この要素が今のＩＢＭには欠けているのだ。ソフトウェア事業を成功させるには、適切な投資判断と、事業の運営方法の刷新が必要だ。

4、ソフトウェア事業のソリューション

ＩＢＭはソフトウェア事業の運営方法を勉強すべきだ。まず、この分野はスピードが命。ＩＢＭのように煩雑な手続きが多い大組織では、この分野は瞬《また》く間に姿を消してしま

うだろう。ソフトウェア事業への投資から最大限の見返りを得るには、運営方法を変えるしかない。しかし、このところＩＢＭはソフトウェア会社を次々と買収しては、自分たちの運営方法を押しつけて相手企業の強みを殺してしまっているらしい。

ソフトウェア事業は、切り売りできるビジネスではない。顧客とその製品開発部門をつなぐパイプが太くて短ければ最大の成果が出せる。つまり、製品開発部門には、顧客のニーズ・傾向への理解が欠かせないのだ。市場価値を増大させるような新しい製品やバージョンの設計に対する自主裁量権も必要だ。さらには、こうした製品やバージョンを迅速かつ効率良く生産できる能力も必要になる。仕事に打ち込む優秀な開発者を揃えているソフトウェア会社は成功する。入れ替わりの激しい人材プールからプログラマーを無作為に選んでいるようでは、成果は望めない。今のＩＢＭのやり方は、買収したソフトウェア会社から魂を抜き取っているようなものだ。

今、ソフトウェア業界には「Software as a Service（ＳａａＳ《サース》）」という新しい市場が誕生している。ＳａａＳとは、必要な機能を必要な分だけサービスとして利用できるソフトウェアのことだ。これは、ＩＢＭのクラウド事業にとって大きなビジネスチャンスになるかもしれない。ただし、ＩＢＭが顧客の欲しがるソフトウェアを持っていれば、の話だが。ＩＢＭはソフトウェア事業への投資を増やしたうえでソフトウェア会社の買収を増やすべきだ。投資には今よりずっと賢明な判断が必要だ。

さらに、新しい顧客と市場の開拓にも注力しなければならない。現在の取引先は、ほんのひと握りの大企業だ。しかし、その各大企業には組織が五〇ほどあり、それぞれの組織が自分たちの事業に活用できるソフトウェアとサービスを求めている。ＩＢＭのソフトウェア部門が狙うべきはこの市場だ。ここに焦点を合わせたソフトウェア開発に活発な投資を行なう必要がある。たとえばオラクルの製品ラインを見てみよう。オラクルがピープルソフト社とＪ・Ｄ・エドワーズ社を買収して手に入れたソフトウェアは、ＩＢＭがプロダクトポートフォリオの投資リストに入れるべき製品ラインだった。

ＩＢＭのソフトウェアチームは、製品の修理・改良を迅速に効率良くこなす競合企業と違って、自分たちの仕事ぶりがノロいことを自覚している。ソフトウェア事業の一番重要な改善策は、各製品チームを独立した一個の事業体として運営を任せることだ。自分たちの仕事を管理・運営する権利と、（金銭面も含む）リソースと、行動の自由を彼らにもっと与えよう。

5、サービス事業の問題点

つい最近まで、ＩＢＭのサービス部門は会社のドル箱だった。情報テクノロジーの購入は、長いプロセスの第一歩にすぎない。それを買い手のビジネスに貢献できるようなサービスに育てるまでが大変だ。ルー・ガースナーはそれに気づき、サービス部門を何十年間も利益を上げられる強力な守護神に仕立て上げた。当時のサービス部門は、技術の実装も、サポートも、プロジェクトの管理も、業績の上げ方も、すべてちゃんと心得ていた。ところが今は、そうではない。

この一〇年間、ＩＢＭのサービス部門は、容赦《ようしゃ》ないコスト削減、大量解雇、業務の大規模なオフショアリングといった、労働力を低下させる恐ろしい一連のプロセスの犠牲になってきた。その結果、基礎的なこともまともにできない、顧客の大きなお荷物へと変わってしまった。この問題は根深くて深刻だ。ＩＢＭが長年かけて開発した優れたプロセスのほとんどが失われ、新しいビジネスプロセス（「契約」、「業務移管」、「サポート」）は、「丸投げ」のプロセスと化している。不完全どころかしばしば間違った仕事やマニュアルが、このプロセス通りに次のステップへと順送りにされているのだ。そうやってできた売りものには安い値がつけられ、顧客のサポート費用はその利益で賄《まかな》われている。「サポート」

チームは使えないツールと洩《も》れのあるサーバーリストを受け取り、マニュアルはないに等しく、スタッフは本来必要な人数の半分以下という有様だ。こんなサポートチームが顧客に頼りにされるわけがない。彼らは常に、脅し、解雇、低賃金、昇給ゼロ、超過勤務に晒されている。これはブラック企業のやることだ。トラブルも、事故も、プロジェクトも、すべて丸投げ。資金不足で、不適切なスタッフが配置されている部署に押しつけられる。なぜ、こんなことが起きているのだろうか？　経営陣がそれを選択したからだ。彼らは、サービス事業からできるだけコストと手間を省こうと決断した。常に利益優先。他のことはすべて二の次、三の次、というわけだ。

グローバル・サービス事業はＩＢＭの信用に傷をつけた。そして今度は、ハードウェア事業とソフトウェア事業にも傷をつけている。ハードウェアとソフトウェアを売るには、サービス部門の助けが必要だ。ＩＢＭの話によれば、二〇一四年は販売件数増加につながるよう、サービス事業を全面的にプッシュする予定らしい。それは良いことだ。しかし、困ったことに、サービス部門が顧客にもたらしたトラブルがあまりに多すぎたために、新製品が売れそうにない。二〇一四年から損失分をサービス手数料で埋め合わせることになり、その煽りによる賃金カットを覚悟するサービスチームも出てきた。彼らが覚悟するのは、現場の状況をよく知っているからだ。

将来、社内の各事業を発展させるには、強力で堅実なサービス組織が必要だ。サービス部門を潰《つぶ》しかけている今の運営方法では、他のすべての事業部門にも損害を与えることになるだろう。

6、サービス事業のソリューション

かつてのサービス部門は、ＩＢＭで一番の要《かなめ》だった。ＩＢＭが本当に再建の道を歩む気なら、サービス部門を再び要の事業として返り咲かせなければならない。サービス部門の発展は、この会社全体の発展につながる。サービス部門はこの一〇年、そしてその顧客たちはこの七年、ひどく軽んじられてきた。

グローバル・サービスは恐ろしいほど役に立たない。自動化もろくに導入されておらず、情報システムもお粗末《そまつ》だ。管理者と、顧客一人につく担当者は数が多すぎる。事業プロセスの再設計と情報システムの改善が早急に必要だ。これらが原因で一〇年前からこの事業の衰退は始まっていたが、ＩＢＭは対策として、熟練した国内社員の代わりに人件費の安い外国人労働者を雇い入れてきた。経営陣は、これが失策だったことを認めなくてはならない。

グローバル・サービスは、競合企業に負けない効率性・生産性・利益性を備える必要がある。安価な人材を増やすのではなく、この基幹事業の効率性を上げる手立てを見つけよう。サービス事業は、「品質」が重要だ。契約書の文言にとらわれて、顧客の声に耳を傾けられないようでは困る。顧客の期待を超える努力をすべきだろう。

品質を重視し、生産性をアップさせるツールに投資すれば、少ない人員で多くの業務がこなせるようになる。顧客の担当者は、一人か二人を窓口にすれば十分だ。「デリバリー・プログラム・エグゼクティブ」、「サービス・デリバリー・マネジャー」、「フィナンシャル・アナリスト」などのサポートスタッフは必要ない。グローバル・サービスの今の運営者は、何をどうすべきか理解していない。政治的駆け引きが多い環境がイノベーションの芽を摘《つ》み取っている。しかし、運営方法が改善されれば、そして少々投資すれば、この部門は再び大きな利益を生み出すはずだ。ただし「投資」とは、効果のほどがわからないようなツールに高い料金を支払うことではない。私がウェブサイトの運営に利用している安価なオープンソースのソフトウェアは、現在、ＩＢＭのサービス部門が使っているコラボレーションツールよりも断然、性能が高い。

優秀なサーバー管理者なら、共通業務を自動化するスクリプトが書けるはずだ。だがＩＢＭでは、サーバーにオペレーティングシステムをインストールするだけで、今でも四〇時間から六〇時間かかる。グローバル・サービスは、継続的な品質改善を図る大規模な改善プログラムを発動させ、各チームに業務自動化の手段を策定し実践する権利を与えるべきだ。

ＩＢＭがクラウド事業に一二億ドル投入できるなら、グローバル・サービス事業に二億ドルを投入できないわけがない。うまく投資すれば、顧客管理に必要な人員の半分を削減できる。そうすれば、これまで受け身だったサポートチームの姿勢に積極性が出てくるはずだ。積極性が出てきたことでトラブルが減り、全体がうまく回るようになれば、顧客体験も大きく改善される。サービス部門の顧客が満足すれば顧客離れも止まり、製品・サービスがもっと売れるようになるだろう。

しかも、この時点でＩＢＭが新しい事業を立ち上げたら、これを強力なリソースにして製品・サービスの展開やサポートに役立てることができる。

サービス事業に投資しなければ、そして品質を重視しなければ、ＩＢＭは他の企業に置いてきぼりを食らうことになるだろう。

7、クラウド事業の問題点

クラウドコンピューティングは、次のヒット商品を狙ったＩＢＭの「賭《か》け」だ。クラウドとは、ネットワークを介し、データやソフトウェアを利用者の必要に応じて提供することだが、ＩＢＭは、そのクラウド事業が自分たちのビジネスにどんな影響を及ぼすのか理解しなくてはいけない。実は、これはコンピューティングのコスト削減を目標とする、漸《ぜん》進的《しんてき》なプロセスの一環である。これによって顧客のコンピューティング費用が抑えられ、ひいてはＩＢＭの利鞘《りざや》も小さくなる。なぜなら、ハードウェアの売上高が減るからだ。そうなれば、サービス部門のサポート費用も減るだろう。クラウドは利用者が多い割に低収益、そしておそらくは低利益で、なかなか採算が取れない事業なのだ。実態は、ＩＢＭの思惑《おもわく》に逆行していると言えるだろう。

そのクラウド事業の成否の鍵を握るのがサービス事業だ。しかし、今のＩＢＭでは、サーバーにちょっとしたトラブルが発生しただけで、四〜六人の人員が割かれる。ハードウェア専門の人間にはオペレーティングシステムが理解できず、オペレーティングシステムの人間にはネットワーキングが理解できず、ネットワーキングの人間にはハードウェアが理解できない。そして、アプリケーションのことは誰も理解できないときている。トラブル発生時には、ごく狭い専門分野の知識しかない人間が複数集まって解決に当たっているのが現状だ。全体像が見えている人間は一人もいない（IBMは「エンド・ツー・エンド」〈訳注：「端から端まで」の意。通信・ネットワークの分野で、通信を行なう二者、あるいは二者間を結ぶ経路全体を指す〉などと誇らしげに呼んでいるが）。トラブルの関係箇所が多ければ多いほど修理に時間がかかり、難易度も上がる。状況が長引いて混迷を極めたときに初めて、頭のキレる人間（アーキテクト・アンド・シニア・テクニカル・スタッフメンバー）が颯《さっ》爽《そう》と登場する仕組みになっている。

クラウドサービスを提供するために使用されるインフラストラクチャーは、IBMの一般的なアウトソーシングサービスのそれよりずっと複雑だ。スキルが限られた人員を大量に投入して問題解決に当たるという従来の手法は、クラウドテクノロジーには通用しない。このサポートには、多様なスキルを十分に備えた経験豊かな担当者が必要だ。しかし、IBMは一〇年前にこのタイプの人材を解雇してしまった。

8、クラウド事業のソリューション

立ち上げ直後のクラウドサービス事業の設計には欠点があった。しかし幸いにも、ＩＢＭはその欠点を補ってくれる企業を買収している。クラウドコンピューティング事業を全国展開している「ソフトレイヤー社」だ。ここならコスト効率の良い自動化設計のノウハウがある。もっと良いことに、ＩＢＭはソフトレイヤーをＩＢＭ化したいという衝動を抑えているらしい。おかげでソフトレイヤー流の事業展開も、リーダーシップも、そのまま踏襲《とうしゅう》されている。これは素晴らしいことであり、非常に良いことだ。だが、これだけで満足はできない。クラウド事業への投資を成功させるには、社内の他の部署にもメスを入れる必要がある。クラウドだけ充実させても不十分なのだ。努力すればクラウド事業の利益を上げるチャンスはある。しかし、「実際にどれくらい稼げるか？」が大きな問題だ。

ＩＢＭは収益と利益の両方を上げるために、クラウド基盤に付加価値サービスを提供しよう。Platform as a Service、通称ＰａａＳ《パース》（＊訳注：アプリケーションソフトが稼働するためのハードウェアやＯＳなどの基盤一式を、インターネット上のサービスとして遠隔から利用できるようにしたもの）は費用がかかりすぎて一二億ドル投資しても十分な見返りは得られない。だから代わりに、ソフトウェアの機能を必要な分だけネットワーク経由で提供するSoftware as a Service（Ｓａａｓ《サース》）を提供すべきだろう。そしてそのためには、市場が求めるソフトウェア・アプリケーションを用意する必要がある。この市場を支えているのは、ＩＢＭの昔ながらの贔屓《ひいき》客である大企業ではない。近年、ほとんど縁がなかったような、それほど大きくない企業が、この市場の八割を占めている。ＩＢＭはこの新市場にクラウドサービスを販売することになるだろう。だから、この新しい顧客たちが欲しがるようなソフトウェアの開発に投資する必要があるのだ。

９、アナリティクス事業の問題点

投資すれば将来、ドル箱になるもうひとつの事業がある。それは、アナリティクス事業（＊編注：データを分析してビジネスに生かす事業）だ。ＩＢＭはデータ分析企業をいくつか買収し、現在、人工知能「ワトソン」を分析サービスに活用しようとしている。これは大きな賭けだ。アナリティクス事業の成否が、製品価格と業績に影響を与えることになる。

アナリティクス事業はまず、大規模データベースを構築し、そこに顧客のビジネスデータを移すことから始まる。その後、質問分析プログラムが起動してデータを分析することで顧客に関する知識を深め、未知のパターンや傾向、ビジネスチャンスや改善に繋がりそうな情報などを提示する。これは決定論的なプログラムではない。多くの試行錯誤と若干の推論が含まれ、運に左右されることも多い。うまく使いこなすには、顧客のビジネスや業界に詳しい、専門技術を持つ人間に担当させるのが一番だ。ほとんどの場合、この担当者は顧客に直接雇われることになる。

「ビッグデータ」分析プロジェクトに使うハードウェアとソフトウェアには、莫大なコストがかかる恐れがある。だからＩＢＭは、このプロジェクトをクラウドサービスとして提供したいと考えてきた。クラウドなら、ビジネスデータの大半を社外のデータベースに移すことも可能だ。ただしデータのセキュリティには特に注意が必要で、新たな規則や規制も多い。さらにもう一つ、「時間」という課題がある。これは簡単な数学と物理学的な問題だ。つまり、ネットワーク上を移動させるだけで数週間かかりかねない莫大《ばくだい》な量のデータをどう処理するかが鍵となる。

会社のデータセンターでビッグデータのデータベースを構築した方が、簡単で安上がりだろう。しかし、どちらにするかは利益投資率次第だ。顧客と市場の観点から利益投資率を分析するのは、ＩＢＭが苦手とするところだ。ＩＢＭが顧客の観点に立って事業を始めることなど滅多にない。むしろ、「作ればお客は寄って来る――そしていくらでも払ってくれる」と思っているような会社だ。しかし、本当に顧客は寄って来るのだろうか？　それは神のみぞ知ることだろう。

10、アナリティクス事業のソリューション

アナリティクス事業を成功させるには、「価格」と「顧客が実感できる利用価値」のバランスをうまく取ることが大事だ。顧客が投資の見返りを十分に得られるようなサービスにしなくてはならない。ＩＢＭは昔から売り口上《こうじょう》は得意だが、すぐに不備が露呈する。しかし、この事業の成否は、約束した成果が出せるか否かで決まるのだ。

企業が分析テクノロジーを利用するなら、自社でビッグデータベースを構築し、それを分析できる人材を社内で育成するのが一番だ、と多くの専門家たちは考えている。そのリスクを分散する手段として、ＩＢＭは、教育・コーチングサービスを備えた一括請負型の分析基盤を提供すべきだろう。残念ながら、ＩＢＭが展開しているＨａｄｏｏｐベースの「ピュアシステムズ」には、拡張面でも価格面でも他の工業製品と競争できるほどの強みはない。したがってＩＢＭには、より安価でより優れた分析基盤が必要だ。

次に、ＩＢＭの「ワトソン」テクノロジーについて検証してみよう。この最高性能のコ

ンピュータ・システムは、優秀な人間の思考プロセスがベースになっている。これを活用するには、優秀なコンサルタントが必要だ。どんな質問をしてどんなデータを分析すべきかを心得ていて、出てきた情報を他の企業やベストプラクティスと比較できる力量がなければならない。この一連のプロセスで、改善が必要な箇所が明らかになり、顧客も利用価値を実感できる。ワトソンをうまく使いこなすには、顧客の業界に関するビジネスデータが大量に必要だ。となれば、ＩＢＭは、そのデータを特定し収集する腕を磨かなければならない。

だが残念なことに、今のＩＢＭは分析分野では実力が乏しく、スピードも劣る。このサービスは主に大企業向けのものであり、大半の企業がすでにこのシステムを稼働させている。アナリティクス事業は、今のＩＢＭにとって一パーセントビジネスだ。つまり、この事業に実際に興味を持つ顧客は一パーセントしかいない。大半の企業がすでに自社のソリューションを確立させているからだ。アナリティクス事業にはまだ可能性があるが、私には、ＩＢＭがこの分野のリーダーになれるとは思えない。彼らはこの事業で何十億ドルもの利益を上げると宣言したが、その言葉はとうてい実現できそうにない。

11、モバイル事業の問題点

ＩＢＭは一九九三年に初めてのスマートフォン、「サイモン」を開発した。しかし、現在はモバイル市場から完全撤退している。この分野をリードしているのはアップルとグーグルだが、マイクロソフトもこの市場の足掛かりを得ようと莫大な資金を注ぎ込みながら懸命に努力中だ。それでもＩＢＭよりは、はるか先を行っている。この一〇年間で急激に進化した情報テクノロジーの分野で、ＩＢＭは完全にチャンスを逸《いっ》してしまった。

12、モバイル事業のソリューション

どんなに投資しても、ＩＢＭのモバイル市場参入は叶《かな》えられないだろう。マイクロソフトがうまくいかないなら、ＩＢＭがうまくいくわけがない。しかし、大掛かりな買収を繰り返して「ホームランを打とう」などと考える必要もない。ＩＢＭに必要なのは、「発想の転換」だ。まずはアップルとグーグルのアプリストアを参考にしてみよう。どちらも何万種ものアプリケーションを揃えているが、ほとんどが個人や小さな会社が作ったものだ。新しい分野の「創造性」を、ＩＢＭもこうした形で取り入れることができる。必要なのは、思いついたアイディアをあれこれいじってモバイルアプリケーションを作り上げる

巨大な労働力だ。ＩＢＭは自前のアプリストアを立ち上げ、顧客に新しいモバイル基盤の活用方法を提示しよう。アプリケーションの開発者とＩＢＭの顧客が交流できる手段を用意するだけでいい。時間とともに、どんなモバイルテクノロジーが顧客に有益かわかるようになり、開発にもつながるはずだ。この市場では、宣伝文句よりも実際に見て使えるアプリケーションの方が雄弁に語ってくれる。

――ＩＢＭはまず、アップル、グーグル、そしてマイクロソフトと提携しよう。えり好みをしている場合ではない。

――あらゆるモバイル基盤の開発ツールに関する企業ライセンスを取得しよう。こうした開発ツールは、モバイルアプリケーションの開発に関心のある社員がいつでも使えるようにしよう。

――社員がタブレットなどのモバイルデバイスを手軽に購入できるようにしよう。提携会社に交渉すれば、割引価格にできるはずだ。購入金額の何割かを会社で負担しよう。半額負担でもいいが、地域によっては半額すら払えない社員もいることを忘れてはいけない。

――モバイルコンピューティングの開発・実践に使えるサーバーやアプリケーションなどの社内インフラを整備しよう。

社内インフラの整備は大事だが、ＩＢＭがモバイル製品メーカーになるには手遅れかもしれない。だが、モバイル製品のサポートはできるはずだ。ＩＢＭはこれから「インフォメーション・システムズ」を立ち上げて顧客全般のサポートに努める予定だが、数年後には、モバイル製品のサポートがその主流となるだろう。モバイルデバイスの大半がプレゼンテーションツール以上、コンピューティング基盤以下の存在だ。プライバシーとセキュリティという懸案事項があり、これは今後、大きな問題となるだろう。ＩＢＭが変われば、モバイルテクノロジーはモノにできる。その実現が早ければ早いほど、顧客のサポートは充実する。この市場にはＩＢＭの居場所がある。後れを取り戻し、みんなに信頼されるパートナーになろう。

13、高い品質

「高い品質」の定義は「顧客を喜ばせること」だ。顧客がＩＴプロバイダーに求めるものとは何だろう？　それは、「優れた製品・サービス」であり、「手頃な価格」である。高い品質とは「今日と同じことが、明日、もっと良く、速く、安くできる」ということ。つまり、「絶え間ない改善」を指すのだ。

品質改善と、労働力・コストの削減は両立しにくい。このスキルに長《た》けた企業が市場を牽引するリーダーとなる。品質改善は企業文化としてこだわり続けなければいけない。ＩＢＭは経営トップから幹部、管理者レベル、社員、納入業者、そして顧客も一丸となってこれに取り組むべきだ。まずはＩＢＭが言う「クライアント・エクスペリエンス」（この呼び名も、今後変わりそうだが、つまりは「顧客体験」のこと）の改善から始めるべきだが、これだけで終わらせてはいけない。実は、品質を改善すればトラブルは解消される。トラブルの原因がなくなるからだ。品質問題の大半は、お粗末な企業文化が招く判断の誤りが原因だ。だからＩＢＭは社内の文化と価値観を変える必要がある。まずは経営トップが音頭を取り、これを会社の最優先事項に掲げよう。ぐずぐずしていると、どこかの競合企業が先を越して大掛かりな「継続的品質改善プログラム」を実施するだろう。そうなれば万事休す。ＩＢＭは巻き返せない。歴史が示すように、品質と顧客をなおざりにして利益だけを追求するような会社は長続きしない。この五〇年の間に、アメリカではそんな企業が数多く消えていった。もしもＩＢＭのライバルがこの本を読んだら……これはもう時間の問題だ。

14、「個人の尊重」の回復

二〇一四年五月現在、ＩＢＭには「個人の尊重」など跡形もない。「最高の顧客サービス」とやらも然《しか》り。この五年間、ＩＢＭが下した判断はすべて、最小限の手間と出費でＥＰＳ二〇ドルを達成する手段を見つけるためのものだった。膨大な数の社員が、明日どうなるかわからない不安を抱えながら仕事をしている。彼らには発言権も、会社を改善する手段もなく、あえて危険を冒《おか》す気もさらさらない。ＩＢＭは、会社の良心とも言うべき一番大事なリソースを使い捨てにしている。大半の事業が衰退し、それに合わせてスタッフが削減されている。これでは結果的に品質とサービスが低下し、事業はますます衰退する。業績も悪くなる一方だ。顧客はＩＢＭに対する信頼と敬意を日に日に失い、製品・サービスを買わなくなる――ＩＢＭはこうした負のサイクルを断ち切らねばならない。

ＩＢＭは「リソース・アクション」と称するリストラ策を中止しよう。会社の大事なメンバーである社員に敬意を払おう。社員に投資し、昔のように会社のために働く意欲を育てるのだ。今の状態を続けていてはいけない。ＩＢＭの評判とブランドに傷がつく。未来の事業への投資が、すべて水の泡になってしまう。ＩＢＭには、今後二、三年以内に大幅な利益を上げ始める新たな事業ラインが必要だが、それまでサポート機能の改善を待っているわけにはいかない。

15、起業家精神

「ＩＢＭの研究部門から良いアイディアは出ない。するりと逃げてしまう」とルー・ガースナーは言った。頭のキレる人間はＩＢＭに大勢いるが、その多くは研究職の人間でも、リーダーシップを取る立場の人間でもない。彼らは、ＩＢＭのＳＴＳＭ（上級技術スタッフメンバー）やＤＥ（主任技師）が足元にも及ばないほどの才能の持ち主でありながら、会社に貢献させてもらえない。社内には素晴らしいアイディアや各事業の改善案が溢《あふ》れているのに、それを口に出せない雰囲気がある。ＩＢＭは変わらなければならない。そして、こうした素晴らしいアイディアを、会社の財産として大事にしなければならない。素晴らしいアイディアは取り入れて活用しよう。そのためには、変化と創造性を敬遠する社風をなくさなくてはいけない。

三〇年前、市場で後れを取っていたＩＢＭは、エントリーシステム部門を立ち上げる決断をした。そして（ＩＢＭにしては）非常に短い期間で初めてのＰＣを開発し、販売した。この部門が成功したのは、会社のルールに縛《しば》られていなかったからだ。現在のＩＢＭでは大多数の部署がルールに縛られ、身動きが取れずにいる。となれば、こんな疑問が湧《わ》いて当然だろう――ＩＢＭの事業運営のためのルールとメソッドは、本当に効果があるのだろうか？

　ＩＢＭと競合企業を比較してみると、経営手法に明らかな違いがあることに気づくはずだ。ＩＢＭのレベルの低いマネジャーたちには支出権限がなく、マネージングの予算は与えられず、その予算を組み立てる知識もない。つまり彼らは、会社のために重要な判断を下せる人材とは思われていない、ということだ。ＩＢＭの経営手法についてはもう一冊、書けそうなほど私には言いたいことがある。だが、あえて一言でまとめてみよう――**ＩＢＭの経営手法を真似たいと思うような人間は、この世に一人もいない。これが、この会社の問題点なのだ。**

ジョン・エイカーズがＣＥＯだった時代の終盤、ＩＢＭは、会社を分割して独立事業をいくつか立ち上げることを検討した。基本的に、これは妙案《みょうあん》だった。各部門の運営にはもっと効率性が必要だったからだ。市場のニーズも汲《く》み取りやすくなる。しかし、会社の経営構造がこのアイディアの実現を阻《はば》んでいた。ルー・ガースナーはこの問題を見抜いて改善したが、彼の退陣後、ＩＢＭは元の悪癖《あくへき》に戻ってしまった。

16、新たなビジネスモデル

ＩＢＭはこれまで、製品・サービスを低価格で提供したことはない。しかし、これほどの規模と頭脳があれば、低価格の商品を大量に扱う業界一のサプライヤーになれるはずだ。発想の転換を社内で奨励《しょうれい》しよう。どうすれば自分たちがどこよりも優秀な最低価格・最大規模のサプライヤーになれるか、社を挙げて考えよう。そして各事業部門に自分たちで計画を練り、財源を持ち、自分たちの判断で行動する権利を与えよう。

そのためには、投資に対する見返り額を常に考える必要がある。ＩＢＭは新しい製品・サービスに不必要な資金を投じ、コモディティ産業のテクノロジーよりコストがかかる専有テクノロジーを常に優先している。その余分な投資を設計と技術に回せば、優れた製品・サービスが実現できるはずだ。高性能で低価格のコモディティ製品なら、誰もが使いたがる。

コモディティ市場に「タイムチャージ制」はふさわしくない。だからIBMも方針を変えよう。LEANプロセスを最初に打ち出したとき、IBMはその意図を曲解せず、本物のリーンの実践方法とその目的を手間暇かけて追求すべきだった。その反省も踏まえ、最小限のサポートで済む製品・サービスを提供しよう。顧客もサポートを求める手間が省ける。だから製品・サービスの開発にもっと投資を増やし、サポートを必要とする課題をなくさなければいけない。

17、高い企業目標

クラウド事業とアナリティクス事業のほんの何分の一かの投資額で、IBMは既存事業を健全な状態に戻すことができるはずだ。EPSを増やすために自社株買いをするより、収益と利益の向上に力を入れるべきだろう。

二〇年前、新しい価値観を持って登場したルー・ガースナーは、IBMにさまざまなアドバイスを提示した。ガースナーの著書にもリストアップされているその価値観は、今の時代にも通用する重要なものばかりだ。

・私は手順ではなく、主義に則《のっと》って経営をする。
・私たちがすべきことはすべて市場が決める。
・私は、品質、強力な競争戦略と計画、チームワーク、能力給、倫理的な責任を重視する。
・求めているのは問題解決に励み、仲間を助けることができる人材だ。パワーゲームを好む人間は解雇する。
・(弟からのアドバイスだが……)近視眼的な提案、縄張り争い、背信行為には厳しく対処し、他への見せしめにする。当然のことのように聞こえるだろうが、ＩＢＭではこういうことが頻繁《ひんぱん》にある。
・戦略の策定には全力を尽くすが、実践は君たち部下の仕事だ。形式にとらわれないやり方で報告してほしい。悪い情報は隠さないこと。不意をつかれるのは嫌いだ。何でも私に解決させようとしないでほしい。問題は横のつながりを活用して解決しよう。上へ報告して終わりにしないでほしい。
・行動は迅速に。たとえミスを犯しても、対応が早すぎたことが原因なら遅すぎたことが原因よりましだ。
・ヒエラルキーなど私には何の意味もない。会議には、役職に関係なく、問題解決に役立つ人間を集めよう。委員会と会議は最小限にすべきだ。委員会による意思決定は必要ない。公平で率直な意見交換を活発に行なおう。
・ＩＢＭとその優先事項を再定義し、顧客を最優先にしよう。
・研究所に自由裁量権を与え、ユーザー目線に基づく開放・分散型のソリューションを提供しよう。
・昔のように品質にこだわり、働きやすい環境を作り、（過去の栄光は忘れて）再び業界のトップに返り咲こう。
・まず顧客の声に耳を傾け、そのニーズに応える努力をしよう。

このリストに財務目標が一つもないことにお気づきだろうか。ガースナーは財政難のＩＢＭを引き継ぎ、数々の厳しい決断を下して会社を安定させた。財務に関わる決断はあくまで手段であり、目的ではなかった。長期的目標は、ＩＢＭを顧客と市場のニーズに合わせることだった。

同じことが今、再び求められている。財務目標だけではＩＢＭの成功は保証されない。むしろ、失敗に終わる可能性が高いだろう。

終章

破綻へと導かれる未来

現実を見失った経営陣は世界規模の再編成計画を実行した

この会社にはいまだ明確な経営戦略はない

「はじめに」で紹介したＩＢＭの内部関係者が、ジニー・ロメッティの経営手法についてこんな話をしてくれた。

「ジニーは新システム『ピュアシステムズ』（158ページ参照）に社運を賭けている。クラウド事業にもそうだ。問題は、ハードウェアの売上低迷をクラウド化のせいにしていることだ。しかし、①クラウドは（まだ）それほど爆発的な業績を上げていない。②クラウドの需要があるのは処理能力の高さが求められる分野だけであって、全体的に見ればさほどではない。効率性の向上から多少のデルタ（＊訳注：基礎商品の価格変化に対するオプション価格の変化額のこと）はあるが、それも十分ではないし、ハードウェアの売上高を損《そこ》ねるような急激な変化でもない。

そもそも、現在の窮状は半年前のハードウェアの売上高が招いたものであり、現在の売上高はまだ計上されていない。要するに、ジニーは現実をよく見ていないということだ。

Ｐシリーズも価格が高すぎるし、Ｘシリーズを安値で売却したのもどうかしている。あれで市場を独占できたはずなのに。コモディティ化を敬遠したのがいけなかった。『ほら、ＩＢＭのロゴつきなのに安いわよ！』と売り込んだつもりだったんだろうが、とんだ失敗だった。

明確な戦略なんてひとつもない。あるのはたくさんの高望みと秘密主義だ。

今なら、タタ社（インドのITサービス企業、タタ・コンサルタンシー・サービシズ。かつてIBMと提携したことがある）が、『インテグレーテッド・テクノロジー・サービス』を買収してIBMのサービス事業を引き継ぐことだってあるかもしれない。共同ブランドのOEM特約販売店しか残らなくなるまで、事業買収は続く可能性もある。そうなればタタは、クラウド商品の商標を変えてIBM商品として売り出すだろう。

お先真っ暗だ。床を這《は》い回るゴキブリでも見ているような気分だよ。戦略もなければ方針もない。こんなジニーの声が聞こえてくるようだ。『行き当たりばったりで行きましょう』」

本書取材のために、IBM現CEOのジニー・ロメッティにインタビューを申し込んだが、時間が取れないとの理由で断られた。

アップルは「お堀」など作らない

二〇一四年六月に本書がアメリカで刊行されて以来、私自身、説明が必要ではないかと思うようなIBM関連のニュースも、対応が必要ではないかと思うような本書に対する批判もあった。

本書に対する批判なら、こう訊くのが一番簡単だ――「ボブ、あんたの話が真実で、IBMが本当に崖っぷちに立っているなら、どうしてウォーレン・バフェット（世界ナンバーワンの投資家）はこの会社に大金を投じているんだい?」。そう訊かれたら、私はいつも「お堀」の話をする。IBMとアップルの違いを説明するには、これが一番わかりやすいからだ。ウォーレン・バフェットは「お堀」好きだ。でも、アップルはその有効性を信じていない。そしてアップルとIBMが手掛けるビジネスの種類を考えれば――アップルが正しくて、バフェットが間違っている。

「お堀」とは、敵の襲来を阻むために城の周りに作る池のことだ。城にたどり着くには、まず、その池を越えなければいけない。しかし、池の水が燃料油に覆《おお》われていることもある。

「お堀」がビジネスで重視されているのは、バークシャー・ハサウェイCEOのウォーレン・バフェットが好むからだ。彼は、「お堀」のような参入障壁で製品・サービス特許が広く固く守られている企業に投資するのが好きなのだ。実を言えば、この用語をビジネス界に持ち込んだのもバフェットである。

「お堀」に関して言えば、アップルは非難されて然るべき存在だ。この会社が、ＰＣ、レーザープリンター、グラフィックワークステーション、ミュージックプレーヤー、スマートフォン、タブレット、動画とビデオの配信サービスなどの分野で次々にヒットを飛ばしては次々に失速してきたのはご承知の通りだ。自社開発のビジネスが消えていくのを、ただ傍観しているようにさえ見える。なぜなら、この会社には「お堀」がないからだ。

アップルに「お堀」があれば、薄利多売のビジネス市場に参戦し、新製品開発の必要性はなくなり、結果的に儲けが増えるだろう——そう言われている。

目指すのはフットワークの軽い戦闘部隊

でも、ちょっと待ってほしい。アップルはすでに、世界で十指に入る高利益企業ではないのか？　成功していると認められるには、あとどれくらい稼がなくてはいけないのだろう？　利益が成功の目安だとすれば、アップルこそ、二十一世紀最大の成功を収めたテクノロジー企業だ。

マイクロソフト、インテル、ＩＢＭといった「お堀」を持つどんなハイテク企業よりも、アップルは稼いでいる。だから「お堀」なんて必要ない。

「お堀」は一種の保険だ。それを重視しているのは、投資先の企業に直接の影響力を持たない投資家たちである。もしアップルに「お堀」があればどうなるか、考えてみよう。おそらく何年も莫大な利益を上げ続けるだろうが、平凡以下の企業になりかねない。

「お堀」のある企業は、繰り返される愚かな過《あやま》ちや予想外の市場の変化に、しっかり備えができている。

しかしアップルが「お堀」を嫌うのは、そうした守勢にまわることが嫌いだからだ。彼らは、どんな攻撃にも耐え得る鉄壁の存在になりたいわけではない。常にどんな市場のどんなライバルとも戦える、いわば「フットワークの軽い戦闘部隊」になりたいのだ。アップルは、平凡以下の企業になってまで生き残りたいとは思っていない。レベルの低いアップルは、アップルではないからだ。その屈辱は、一九九〇年代のスカリー、スピンドラー、アメリオがCEOだった時代でいやというほど経験済みだった。

アップルは、あの時代に戻るくらいなら死んだ方がマシだと思っている。

だから彼らは、自社製品を低価格にせず、顧客への貢献度で成功しようとしている。古い製品カテゴリーは消えて新しいカテゴリーがそれに取って代わるべきだと考えている。

「お堀」を作りたがらないのは、動きにキレがなくなってしまうからだ。

つまり、彼らは、一手販売権を得るより製品と顧客を大事にしたいのだ。

もしアップルが、ＡｐｐｌｅⅡの周りに「お堀」を築いていたら、Ｍａｃｉｎｔｏｓｈは誕生しただろうか？　Ｍａｃｉｎｔｏｓｈの周りに「お堀」を築いていたら、ｉＰｏｄやｉＰｈｏｎｅ、ｉＰａｄは誕生しただろうか？

そして、Ａｐｐｌｅ　Ｗａｔｃｈは誕生するだろうか？

答えは「ノー」だ。

「お堀」は間抜けどものためにある。

ＩＢＭとアップル、再び提携

皮肉なことに、ＩＢＭは苦手分野であるモバイル事業の参入に、アップルの力を借りている。二〇一四年夏、二社はｉＯＳに関わる独占的なパートナーシップを締結した。今回の提携は両社にとって理にかなったものではあるが、ビジネスの決定打とはならないだろう。

今回の提携は、ハードウェア、アプリケーション、クラウドサービスの三つの分野にまたがっている。これによってアップルはまず、ｉＰｈｏｎｅとｉＰａｄの新しい販路を獲得した。アップルは常に販路を開拓している企業だが、在庫を抱え、価格にこだわらない顧客をサポートするとなれば、その必要性が高まる。目下の目標が大企業へのデバイス導入を増やすことだった彼らにとって、今回の提携は、まさに「渡りに船」だった。

アプリケーションの開発はすべてＩＢＭが担当するが、販売はアップルのＡｐｐ Ｓｔｏｒｅを通すことになるので、アップルの品質基準に合わせる必要が出てくる。これはＩＢＭにとって至難《しなん》の業《わざ》にちがいない。けれども、アップルはどこ吹く風だ。実際に私の知るかぎり、アップルには人員リソースが少ない（アップルが今回、ＩＢＭの担当に新しく加えたのは、新入社員の二人だけだったらしい）。だからＩＢＭの豊富な人材が活用できることは大きな収穫だ。これは誰もが知るところである。

ｉＯＳ向けに最適化したクラウドサービスは複雑で理解が難しいので、いくつかポイントだけ挙げておこう。アップルはＩＢＭよりデータセンターのスペースが広いので、ＩＢＭのクラウド活用能力を欲しがるようなことはない。さらにアップルは世界最大のクラウドベンダー、アマゾン・ウェブ・サービスの顧客である。とすれば、今回のこの分野の提携には、どんな意味があるのだろう？　実は、ｉＯＳ向けクラウドサービスを欲しがっているのはＩＢＭで、アップルではない。ｉＯＳ向けクラウド業界の独占を夢見ているビッグブルーは、提携が結ばれた今、自分たちの夢が簡単に叶えられると思っている。

しかし、アップルにとってクラウドサービスは、デバイスの販路をＩＢＭの顧客に拡大させるための、おまけの必要経費にすぎない。万一、クラウドサービスがこの提携に含まれていなくても、あるいは含まれてはいるが役に立たなくても、気にしないだろう。率直に言って、ＩＢＭのアプリケーションが失敗に終わったとしても、やはりアップルは気にしないにちがいない。

アップルがＩＢＭとタッグを組むのは、これが初めてではない。ジョン・スカリーがＣＥＯだった不遇の時代に、「タリジェント」「カレイダ」と名づけられた二つのソフトウェアに関するパートナーシップを結び、二つの合弁会社を設立している。タリジェントはオブジェクト指向で、非常にポータブルなオペレーティングシステムのはずだったが、ＩＢＭに完全に吸収される前に便利な開発ツールに取って代わられた。ＣＤ志向のメディアプレーヤーとして開発されたカレイダもインターネットに駆逐され、三年も経たないうちに姿を消した。私は両方の合弁会社で働いていた友人たちから、アップルとＩＢＭの文化が衝突し合っていた様子を聞いたことがある。

今回のパートナーシップは、当時と違った様相を見せるだろう。アップルはｉＰａｄとｉＰｈｏｎｅの販売件数を大幅に増やし、ＩＢＭはそこから儲けを得る。ＩＢＭのビジネスアプリケーションは思ったほど成功しないだろうが、それはあまり外からはわからないかもしれない。ＩＢＭのｉＯＳクラウドサービスは成功しないだろう。

アップルが勝ち組となるがＩＢＭも損はしない——そんな構図になるはずだ。しかし、どちらも相手から深刻なダメージを被《こうむ》ることにはならないだろう。今回はさほど大きな取引ではないからだ。

レノボとのサーバー事業の取引が完了

本書の前半では、ＩＢＭがエントリーレベルの（インテル）サーバー部門を中国企業のレノボに売却しようとしている話を紹介し、二〇〇四年のＰＣ部門売却と比較して論じた。このＰＣ部門売却は戦略的に意義のあることだったが、サーバー部門売却は違う——そう書いた。今回（二〇一四年十月）の取引完了のニュースから、私の主張の根拠が少し透けて見えるような気がする。

レノボはＩＢＭからサーバーの製品ラインと、それを設計し組み立てる七五〇〇人の社員を二三億ドルで買収した。ＩＢＭから見れば、現金ががっぽり入るうえに、この社員たちやその退職金にかかるコストを削減できる、美味《おい》しい話だった。この移譲された社員たちの正味現在価値が一〇億ドルだとすれば、ＩＢＭにとって取引全体の価値はおよそ三三億ドル。確かに美味しい話に聞こえるが、実際はそうではない。

レノボはＸシリーズのコストを削減し、そのラインの利益性を上げるだろう。しかし、それはＩＢＭにもできたはずだ。サーバーの生産ラインをアジアの製造業者に委託することでコストを下げて利益を上げ、Ｘシリーズを小規模事業として展開できただろう。しかし、ＩＢＭは縮小し続ける大規模事業にかまけ、小規模事業市場は放棄していた。この取引におけるＩＢＭの目的は、資金調達と社員の削減だったのだ。だが、資金はすでに自社株買いに使われ、手放した社員たちは、レノボの未来の発展を担う重要な存在となっている。

Ｘシリーズサーバー・ラインを売却したことで、ＩＢＭは「コンピュータ・カンパニー」から脱却する意志を固めた。

その最初の施策《しさく》が自社株買いだった。ＩＢＭにとってこの新しいビジネスモデルは、とうてい長続きさせられるタイプのものではない。そして今、そう主張する者は私だけではない。

リーマン・ショックの後で

二〇〇八年の金融危機に伴い、ベン・バーナンキ議長（当時）率いる合衆国連邦準備銀行は、産業界に梃入《てこい》れして経済を再生させる目的で、ゼロ金利政策を実施した。

しかし、これも焼け石に水だった。景気は後退し続け、企業が経済再建にひと役買ってくれるという世間の期待も外れた。融資の金利を下げれば、企業は自社のビジネスに投資する——当初はそういう計算だった。

だが、企業はその代わりに、借金をして自社の株に投資した。少なくともＩＢＭはそうした。

なぜＩＢＭがこのような行動に走ったかは容易に理解できる。金利は約一パーセント。ＩＢＭ株の配当率は約二パーセント。配当金の節約だけを考えれば、金利が低い間は自社の株式を買い戻して保有しておくことは理にかなう。（ＩＢＭではなく）連邦政府主導のこの株式裁定取引が、過去数年にわたるＩＢＭ株の強さの主な要因だ。

しかし、この政策にはいくつか問題がある。一つ目の問題点は、**いずれ金利が元に戻る**

ことだ。そのとき、ＩＢＭは借金返済のために株式を売却することになるかもしれない。

二つ目の問題点は、**ＩＢＭの株価が事業の実態とかけ離れている**ことだ。販売件数と営業利益が落ち込んでも、株式総数を減らすことで株価は上昇する。だが、こんなことを長く続けて虚構《きょこう》の世界に慣れてしまうと、ＩＢＭは本来のビジネスに気が回らなくなり、このまま中途半端な事業展開を続けることになる。

最後の問題点は、**会社の資産を事業の発展のためではなく、自社株買いに使っていること**だ。企業はコストカットしても、不況を乗り切ることはできない。この不況による経営不振を打開するにもコストがかかるからだ。元インテルＣＥＯクレイグ・バレットも、「打開策に投資せよ」と語っている。

バレットの忠告にまったく耳を貸さないＩＢＭは、その打開策を切り捨ててどうにか再び成功を手にしようとしてきたが、効果は得られていない。

そしてその結果、経営陣は現実を見失ってしまった。もはや、彼らは会社を救う手立てもわからない――そんな見解を持っているのは私一人ではない。いまや、多くの評論家たちが同じ考えを抱いている。

その根拠となるのが、ＩＢＭのクラウド戦略だ。**ＩＢＭの未来は、モバイル、クラウ**

ド、アナリティクス事業にかかっている、と言われている。アップルとＩＢＭのモバイル提携については前述した通りだ。ＩＢＭ現ＣＥＯジニー・ロメッティは、ＩＢＭの未来の基盤にするはずだったクラウドから逃げ腰になっている。その理由は「戦力にならないから」だ。

ＩＢＭの未来は明白《ノット・クラウディ》だ

クラウドコンピューティングは半年ごとに価格が下がり、この先もずっと、この現象は続くだろう。しかし、既存企業は十分な投資資金がないだけでなく、大手企業にはクラウド以外に会社の存続を支える事業がある。たとえば、アマゾンはこの業界のトップだが、クラウド事業は彼らの一番のドル箱とは言い難い。会社の全事業のほんの一部にすぎないのだ。これはグーグルも同じである。

では、ＩＢＭはどうなのか？　他の企業と違って、ＩＢＭはクラウドで儲けなければならない。なぜなら、今後、この事業が会社の収益を支えることになると全世界に向けて発表したからだ。だが、それは実現しないだろう。クラウドコンピューティングはコモディティ化し、ＩＢＭはこれまで、コモディティビジネスをうまく展開できたためしがないのだから。

そのうえ、マイクロソフトがいる。マイクロソフトも、会社の未来はクラウド事業（ウィンドウズ・アジュール）に託すと公言している。マイクロソフトはＩＢＭより資金が潤沢で、社員の意欲も高い。クラウドで勝ち組となるためには手段を選ばないだろう。これまでもそうだった。Ｘボックスの特許に何百億ドルも注ぎ込んでいる。ＩＢＭにはそれほどの忍耐力も、モチベーションも、資金もない。

ＩＢＭは、既存の顧客に市場価格より高い値段でクラウドサービスを売りつけるだろう。だが、それもＩＢＭのクラウドは他企業ほど優れていないと顧客にばれるまでの話だ。ばれたとたん、企業も政府も、もっと安価なプロバイダーに鞍替えし、ＩＢＭは他の製品（ＰＣ、オンデマンド、Ｘシリーズサーバー）がそうだったように、この分野からも手を引くことになるだろう。しかし、これは、自分の会社を理解していないジニーのせいではない。すべては、自分たちの政策がもたらす結果を予測できないアメリカ合衆国のせいだ。彼らはいつも、アイスクリームを作るより食べたがる。

やがて二〇一四年の秋になると、本書の予言の大半が的中しはじめた。**まずＩＢＭは、「二〇一五年までに一株当たり利益を二〇ドルにする」という公約の達成を断念した。**事実、同社の利益は落ち込んでいる。それなのに、下がり続ける株価を底上げしようと、新たに八〇億ドルを費やして自社株買いを継続した。しかし、11・四半期連続の減収により、頭上の暗雲は晴れないままだ。今まで増益に一役買っていた外国為替も、二〇一四年末のオイルショックによるドル高で、もはや強みにならなくなった。

そして二〇一五年の一月末、ＩＢＭは、クラウド、アナリティクス、モバイル、ソーシャル、セキュリティといった分野（ＣＡＭＳＳ）に光明を見出すべく、**「プロジェクト・クローム」と名づけた世界規模の再編成計画**を実行した。これは、メインフレームやグローバル・サービスのような過去の遺産とも言うべき事業部門の社員数千人を対象にしたリストラ戦略だ。

しかし、これらの新事業が、切り捨てられようとしている旧来の事業と違って早く成長するはずもない。さらに、会社のためにこれまで身を粉にして働いてきた大勢の社員のクビを切り、自分の会社の市場価格が三〇〇億ドル以上下がっても手をこまねいているだけだったジニー・ロメッティＣＥＯは、年一六〇万ドルの昇給と三六〇万ドルのボーナスを手にして平然としている。これが、現時点のＩＢＭの姿である。

ゆえに、ＩＢＭは破綻するという私の見解は、今も変わっていない。

翻訳協力：株式会社トランネット

倒《たお》れゆく巨象《きよぞう》

平成27年3月20日　初版第1刷発行

著　者　ロバート・クリンジリー

訳　者　夏《なつ》井《い》幸《さち》子《こ》

発行者　竹内和芳

発行所　祥《しよう》伝《でん》社《しや》

〒101-8701

東京都千代田区神田神保町3-3

☎03(3265)2081(販売部)

☎03(3265)1084(編集部)

☎03(3265)3622(業務部)

印　刷　堀内印刷

製　本　積信堂

ISBN978-4-396-65052-0 C0034

Printed in Japan

祥伝社のホームページ・http://www.shodensha.co.jp/